PSYCHOLOGY
AN ILLUSTRATED HISTORY OF THE MIND FROM HYPNOTISM TO BRAIN SCANS

心理的奥秘
人类如何了解内心

[英] 汤姆·杰克逊 / 著　向帮友 / 译

电子工业出版社
Publishing House of Electronics Industry
北京·BEIJING

Originally published in English under the title: Psychology: An Illustrated History of the Mind from Hypnotism to Brain Scans by Tom Jackson
© Worth Press Ltd, Cambridge, England, 2014
© Shelter Harbor Press Ltd, New York, USA, 2014
This edition arranged with through Big Apple Agency, Inc., Labuan, Malaysia.
Simplified Chinese edition copyright : PUBLISHING HOUSE OF ELECTRONICS INDUSTRY
All rights reserved.

本书中文简体字版授予电子工业出版社独家出版发行。未经书面许可，不得以任何方式抄袭、复制或节录本书中的任何内容。

版权贸易合同登记号　图字：01-2022-0928

图书在版编目（CIP）数据

心理的奥秘：人类如何了解内心 /（英）汤姆·杰克逊（Tom Jackson）著；向帮友译 . —北京：电子工业出版社，2022.6
书名原文：PSYCHOLOGY: AN ILLUSTRATED HISTORY OF THE MIND FROM HYPNOTISM TO BRAIN SCANS
ISBN 978-7-121-43502-7

Ⅰ.①心… Ⅱ.①汤… ②向… Ⅲ.①心理学—通俗读物 Ⅳ.① B84-49
中国版本图书馆 CIP 数据核字（2022）第 085599 号

责任编辑：张　冉
特约编辑：胡昭滔
印　　刷：北京利丰雅高长城印刷有限公司
装　　订：北京利丰雅高长城印刷有限公司
出版发行：电子工业出版社
　　　　　北京市海淀区万寿路173信箱　邮编：100036
开　　本：820×980　1/16　印张：11.75　字数：377千字
版　　次：2022年6月第1版
印　　次：2022年6月第1次印刷
定　　价：129.00元

凡所购买电子工业出版社图书有缺损问题，请向购买书店调换。若书店售缺，请与本社发行部联系，联系及邮购电话：(010) 88254888, 88258888。
质量投诉请发邮件至zlts@phei.com.cn，盗版侵权举报请发邮件至dbqq@phei.com.cn。
本书咨询联系方式：(010) 88254439，zhangran@phei.com.cn，微信：yingxianglibook。

目 录

引 言 ·················· 7

史前—1800年

1　我从哪里来，找到自我 ·············· 12
2　希波克拉底和体液学说 ·············· 13
3　柏拉图和灵魂三分说 ··············· 15
4　黑暗时代 ····················· 16
5　伊斯兰帝国和精神治疗 ·············· 17
6　常识 ······················ 18
7　一个身体，一个灵魂 ··············· 19
8　驱魔术 ····················· 20
9　心理学 ····················· 21
10　笛卡儿的思维 ·················· 21
11　绘制大脑图像 ·················· 23
12　知识的本质 ··················· 25
13　理念与实事 ··················· 26
14　催眠术 ····················· 27

1800—1900年

15　颅相学 ····················· 29
16　韦伯–费希纳定律 ················ 32
17　选择自我 ···················· 33
18　菲尼斯·盖奇 ·················· 35
19　情绪障碍 ···················· 38
20　查尔斯·达尔文论情绪 ············· 40
21　先天与后天 ··················· 41
22　癔症 ······················ 44
23　心理学的开端 ·················· 45
24　詹姆斯–兰格情绪理论 ·············· 46
25　大脑半球优势 ·················· 49
26　精神分析 ···················· 52
27　《心理学原理》 ················· 54
28　自主神经系统 ·················· 56
29　躁郁症 ····················· 57
30　解离症 ····················· 59

1900—1950年

31　青少年 ····················· 60
32　巴甫洛夫的狗 ·················· 61
33　精神分裂症 ··················· 63
34　荣格的原型理论 ················· 64

35	自卑情结	65
36	心理剧疗法	67
37	智商	68
38	猿的智力	70
39	格式塔运动	71
40	小艾伯特实验	73
41	罗夏克墨迹测验	74
42	发展心理学	75
43	印记	77
44	斯特鲁普效应	78
45	心理学场论	80
46	自闭症	81
47	体质心理学	84
48	学习偏见	86
49	非生产型人格	87
50	智力心理学	89
51	激进行为主义	90

1950—1980年

52	认知行为疗法	93
53	生命的八个阶段	95
54	以人为中心的疗法	97
55	同伴压力和盲从	98
56	多重人格障碍	99
57	神经信号	101
58	需要理论	103
59	需求层次理论	105
60	语言习得	106
61	工作记忆	107
62	道德发展理论	108
63	认知失调理论	110
64	注意力过滤模型	111
65	反传统精神病学	112
66	行为建模	113
67	"打开、调谐、退出"	115
68	福柯对人类的见解	116
69	记忆痕迹	117
70	抑郁症测试	119
71	对立情绪	121
72	依恋理论	122
73	斯坦福实验	123
74	家庭疗法	125
75	记忆地图	126
76	索德实验:谁才是理智的?	127
77	启发法	128
78	天才问题	130

1980年至今

79	当记忆让我们失望时	131
80	自我认同	132
81	强迫与着迷	134
82	感观数据	135
83	自我肯定	136
84	广告为何起作用？	136
85	心流=幸福	139
86	正念	140
87	功能性磁共振成像	140
88	六种基本情绪	141
89	超心理学	142
90	钟形曲线	144
91	创伤后应激障碍	144
92	错误记忆	145
93	意识难题	146
94	镜像神经元	148
95	社会和谐	149
96	模糊厌恶	150
97	心理学能解释不平等现象吗？	151
98	性别焦虑	154
99	大脑计划	156
100	复现危机	158
101	心理学：基础知识	160
	未解之谜	166
	伟大的心理学家	177
	参考文献及其他	187
	图片致谢	188

引 言

心理是人类自我探索的最后一道边界,而心理学家则是心理探险家。心理学家致力于更好地理解人类的想法、情绪、梦境和行为,以及人类如何感知并理解这个世界。心理学向科学提出了考验。科学是通过观察与测量来寻求真理的,而心理学家则试图研究看不见摸不着的心理现象。心理学的历史就是一部探寻人类知识边界的历史。

伟大思想家的思想与行为总能造就伟大的故事,在此,我们选取了其中的100个故事。每一个故事都与某个公认的重大难题息息相关,成为重大发现,并且改变了人类理解世界的方式。知识并不会主动向人类展示其全貌。人类必须努力探寻知识,依次考量证据,并做出正误判断。

西格蒙德·弗洛伊德是世界上首位治疗人类大脑疾病而非身体疾病的精神分析师,并且为心理学的创建做出了贡献。图为弗洛伊德与女儿安娜在一起,安娜也是一名精神分析师。

左图:18世纪,弗朗茨·梅斯梅尔因为将催眠术与磁疗法相结合(实际上就是把人催眠)而举世闻名。

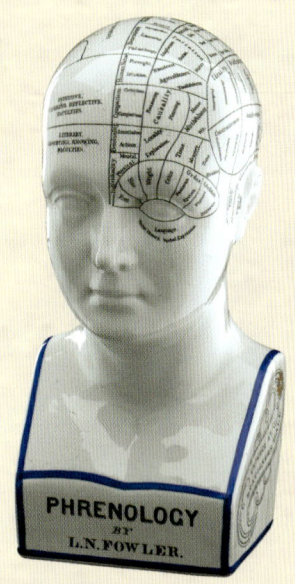

上图：颅相学是19世纪出现的一门伪科学，它认为根据头颅形状能判断大脑内部各区域的相对优势。

巴甫洛夫的狗参与了世界上最著名的实验之一。在该实验中，巴甫洛夫发现了大脑是如何通过外界刺激来进行学习的。

学习过程

即使是当初最前沿的观点，事后也可能被证明是完全错误的。但就当时人们的认知水平而言，那些观点已经是人类所持有的最佳观点了。人类文明就是建立在这类经验知识之上的。所谓经验知识，就是关于物质、生物以及人类自身的知识。随着经验知识的积累，人类对现实世界逐渐有了更为清晰的理解。

心脏与大脑

心理学是一门相对新颖的科学，它扩展了知识的边界。然而，理解人类心理过程（这也是心理学所宣扬的目标）的努力却是古已有之。自从人类文明肇始以来，哲学家和医生对心理所处的位置及其要素的兴趣就从未停止过。

科学介入

虽然弗洛伊德名盛一时，但是要说起对现代心理学的贡献，德国心理学家威廉·冯特的贡献要比他大得多。大约在弗洛伊德声名鹊起的同时，冯特就创立了世界上首个心理学实验室，目的是了解外部刺激形成的知觉与内部心理感知之间的联系。多年来，行为主义学派在心理学这片新领域中占据统治地位。该学派认为，人脑的内部活动是通过外部行为表现出来的。

20世纪下半叶，心理学界经历了一场平静的革命，认知心理学开始占据主导地位。认知心理学将人脑比作一台计算机，研究人脑是如何处理信息

的。如今，认知心理学被用于辅助开发计算机人工智能。这将导致新一轮心理学革命的出现吗？我们拭目以待。

古埃及人认为，心脏是人类产生心理过程（想法及情绪）的地方，而大脑则是散热器。古希腊哲学领军人物柏拉图认为，心理或灵魂的确位于人的心脏，但是还存在于其他两个部位：一个是大脑，另一个是肝脏！

不断变化的观点

医学为现代心理学指明了方向。随着医生对人类大脑和神经系统的结构有了更深入的了解，他们开始意识到，大脑中的想法与梦境都有自身存在的基础。想法与梦境由大脑产生，又与大脑是相互分离的。

19世纪末，欧洲的医学先驱开始通过治疗人的心理来治疗精神疾病，而不是采取治疗大脑和身体的常规做法。为首的是奥地利精神分析师西格蒙德·弗洛伊德。他掀起了一场革命，改变了人们理解自身的方式。在弗洛伊德引发这场革命之前，人们往往从经济学和政治学的角度来描述整个社会。在此之后，又多了心理学这一视角。

人类有六种基本情绪，人们在很小的时候就学会了如何识别他人的情绪。你能识别出这些表情符号所代表的情绪吗？（详见第141页）

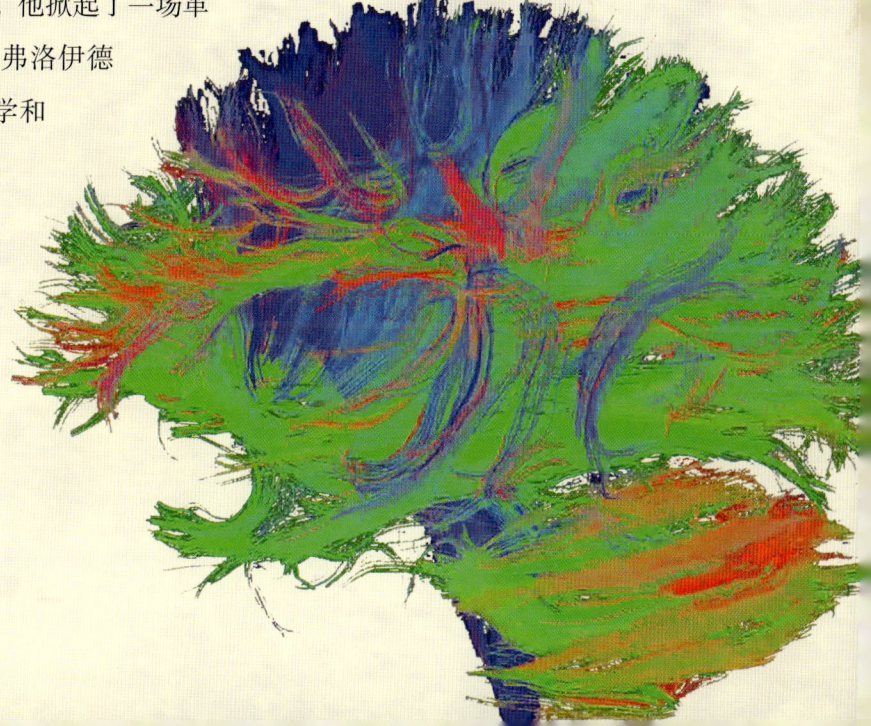

将心理过程与大脑的物理构造联系起来，是心理学孜孜以求的目标。

心理学分支

心理学是一门大学科，有很多种研究解释人类心理的方式。以下列举了其中一些占主导地位的心理学分支，同时，心理学分支的数量一直在增长。

纯粹心理学

纯粹心理学是一门以探索心理学知识本身为目标的学科。纯粹心理学学者在高等院校从事研究工作，他们创立并检验心理学理论，目的是找到理解心理过程的新方法。

变态心理学

变态心理学是一门研究精神疾病的学科，目的是从人类大脑处理信息的常规方式中发掘出新现象。该学科面临的一大问题是：什么是"变态"？

社会心理学

社会心理学研究人际关系在不同社会情境（如家庭和工作）中的差异。社会心理学家创造了关于权威性、服从性和群体动力的一系列理论。

实验心理学

这是一门变化多样的学科，心理学家开发各类测验来研究心理现象。测验以人类或动物为对象，经过精心设计，以确保得出可靠数据。

进化心理学

了解人类心理学的途径之一，就是探索它是如何从人类祖先那里进化而来的。进化心理学的兴趣点在于社会等级制度和统治。

发展心理学

人体随着年龄增长而成长变化，人的心理亦如此。发展心理学家主要关注儿童期的心智变化，但是他们也关注后期更为缓慢的变化。

认知心理学

认知心理学是一门研究思想、情绪等心理过程的学科，在过去几十年里牢牢占据着心理学界的统治地位。认知心理学家的兴趣点在于人的大脑是如何处理信息的。

应用心理学

该心理学分支运用纯粹心理学所揭示的有关大脑的知识来解决诸如焦虑或抑郁等问题。其应用场景还包括如何让公司更加高效地运作，以及检举罪犯等。

教育心理学

教育心理学家主要扮演两种角色：首先，他们开发各种提高学习和教学效率的方法；其次，他们还为学习有困难的学生提供心理咨询。

临床心理学

临床心理学家是指具备治疗精神病患者资质的人。他们可以开展认知行为治疗等，但是不具备开处方药的资质。

工业心理学

该心理学分支采用社会心理学方法帮助团队更加高效地协作。为了达到这一目的，心理学家根据团队成员的性格特征分配不同角色。

军事心理学

心理学对赢得战争及战后维持和平方面至关重要。军事心理学家的意图是打击敌军士气，迷惑对方，让对方无法得知战场的实际状况。

政治心理学

政治是社会团体进行组织决策的一种方式。政治心理学有助于了解特定政治体系的运作方式，以及政治体系如何影响人的心理及行为。

审判心理学

尽管审判心理学家可以帮助侦探识别和追踪犯罪嫌疑人，但他们的主要作用是帮助评估被指控从事非法活动的人员应承担的刑事责任。

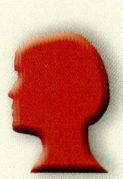

心理的奥秘：人类如何了解内心

1 我从哪里来，找到自我

心理学家通过研究人的大脑来了解人类的想法，然而，在人类漫长的历史中，大部分时间里，人们的关注点却在别处。

古代人是如何看待人的身体和灵魂的呢？最早的线索出现在大约公元前1550年，古埃及人用纸莎草纸记载的医学文本。其中就包括伊姆霍特普（Imhotep）的学说。伊姆霍特普生活在大约公元前2600年，是历史上第一位叫得出名字的医生，同时，他还设计了埃及最古老的金字塔。他认为，人类保持健康靠的是心脏，跟大脑没多大关系。

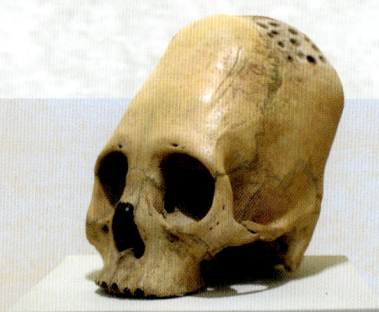

钻孔术

古代人类的头骨上有时候会有很多孔。这是当时治疗疾病的方法，这些孔并没有导致人死亡。这项治疗手段被称作钻孔术，其历史可追溯到一万多年前，直到中世纪才结束。当时人们认为，在大脑上钻孔是为了释放体内的恶魔和邪恶灵魂，也有说法是石器时代一种治疗精神疾病的手段。

古埃及的木乃伊是为了通往来世而准备的。死神阿努比斯会称心脏的重量，以判定死者生前的罪恶。大脑就是一具空壳，无论是生前还是死后，在创造自我方面起不到任何作用。

制作木乃伊

古埃及人因制作木乃伊而闻名于世,其目的是保存死者的身体,以便死者来世再度使用。我们可以从死者身体被保留和被丢弃的部位看出古埃及人对自身的看法。死者心脏被保留下来,肝脏、肺、胃被挖了出来,仔细地保存在罐子里。而大脑无足轻重,竟然被从鼻腔里取出来扔掉!古埃及人和一些古代医生认为,大脑的作用只是耗散身体过多的热量。心脏则被认为是产生情绪、想法和记忆的器官。尽管现代心理学已经研究了一个多世纪,但即使在今天,我们仍然习惯地认为这些感受和冲动行为来自"心脏"。

2 希波克拉底和体液学说

现代医学起源于古希腊医师希波克拉底,他从一开始就认为,人类机体内有共同的要素在维持身心健康。

公元前4世纪,希波克拉底生活在科斯岛,时值古希腊文明的黄金时期。与同时期的希腊人一样,希波克拉底只相信自己所看到的事物,他所创立的西医也建立在由物质方面的原因造成的身体疾病上,即人生病是由体内的某种东西导致的。一种早期观点认为,人体内会滋生出令人生厌的恶魔和恶毒的灵魂,从而导致各类疾病的发生,包括瘫痪、癫痫等神经系统疾病。然而,希

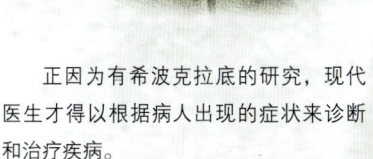

正因为有希波克拉底的研究,现代医生才得以根据病人出现的症状来诊断和治疗疾病。

波克拉底不接受这一观点。

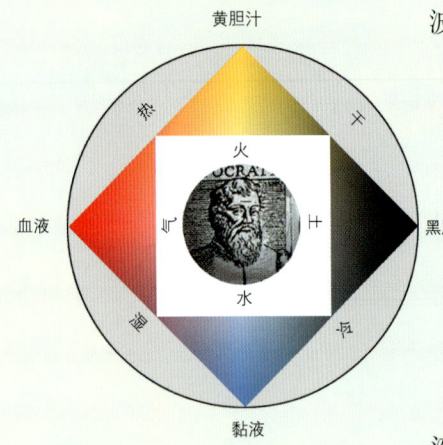

体液是四种元素的身体表征。人们认为，发烧、口渴、出汗等状况是体液不平衡导致的。

简单元素

希波克拉底反而去寻找致病的物理原因，并建立了一套体液学说，以解释身体和精神疾病。当时，古希腊人认为，整个世界（包括人体）都是由基本物质组成的，这些基本物质后来被称作"元素"。世界上只有四种元素：土、气、火和水。这些元素在人体内以黑胆汁、血液、黄胆汁和黏液这四种体液的形式存在。每种体液都具有某种元素的特征，并且对情绪有影响。血液里充满了气，使人乐观；黏液里有水，使人镇定；太多土质的黑胆汁，会使人忧郁；而火性的黄胆汁容易使人狂怒。想要保持身心健康，这些物质都需要具备。但是，如果其中某一种物质开始支配其他物质，人就会生病。身体和精神疾病都采用相同的治疗方式——平衡体液。

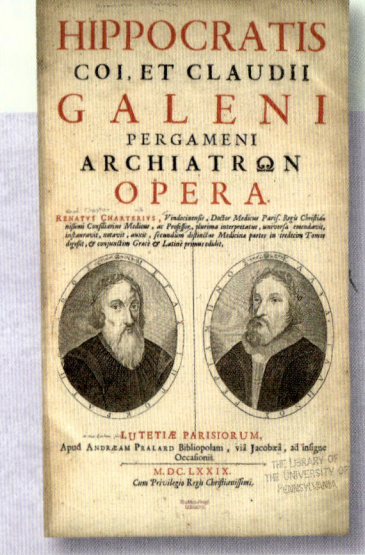

盖伦发现神经

公元2世纪，希腊医生盖伦前往罗马，治疗受伤的格斗士。他的这项工作，加上他解剖活体动物，使他对人体内部构造有了当时最为全面的了解。他的其中一项发现就是，神经连接大脑与人体，切断神经会导致人体功能丧失。这项证据表明，大脑是人体的指挥器官。

史前—1800 年 / 15

3 柏拉图和灵魂三分说

除了有形的体液，古希腊人还围绕灵魂建立了自我的概念。 柏拉图是当时最顶尖的智者，他断定，人体不止有一个灵魂，而是有三个！

根据柏拉图的灵魂三分说，负责思考的理性的自我位于头部；心脏跟我们至今认为的一样，控制感情；而饥饿、口渴和性欲等维持身体运作的基础驱动欲，则是由位于肝脏的第三个灵魂掌控的。柏拉图认为，不同阶层的社会成员，是由不同的灵魂控制的，以反映社会阶级。像他一样的哲学家，是由智力掌控的，军人是由心脏掌控的，而下层的农民则是由肝脏掌控的。

柏拉图对哲学最著名的贡献是"洞穴寓言"。寓言称，最初，人类感知世界的方式就好比面对洞穴里的一面墙。人的感知只是洞穴外的物体投在墙壁上的影子。柏拉图称，只有具备智慧，人们才能摆脱认知幻境。

4 黑暗时代

公元5世纪，西罗马帝国灭亡，自此之后，人们很难知道西欧发生了什么，但是人们的确知道，治疗精神疾病的方式很残暴。

盖伦和希波克拉底等古代医生的学说不仅讲了如何治疗病人，还讲了如何对病人进行护理和安抚病人。随着欧洲黑暗时代的到来（由于缺乏历史记载，因此这段时期被称为黑暗时代），这些学说逐渐被人遗忘或忽视。公元7世纪初期，医生保罗列出一套治疗精神疾病的方法，长期为后人所沿用。保罗称，患有癔症的人应该被绑起来，以限制他们的行动。躁狂症患者应该被放进篮子里，悬挂在天花板上（这就是软垫病室的早期雏形）。保罗还提倡用酒和鸦片来让精神疾病患者保持镇定。此外，他还治疗过变兽妄想症——病人产生幻觉，以为自己变成野兽，以及由恶魔导致的梦游。

对中世纪医生而言，治疗精神类疾病的方法显而易见：把大脑里的血排放出来，疾病就能被治愈了。

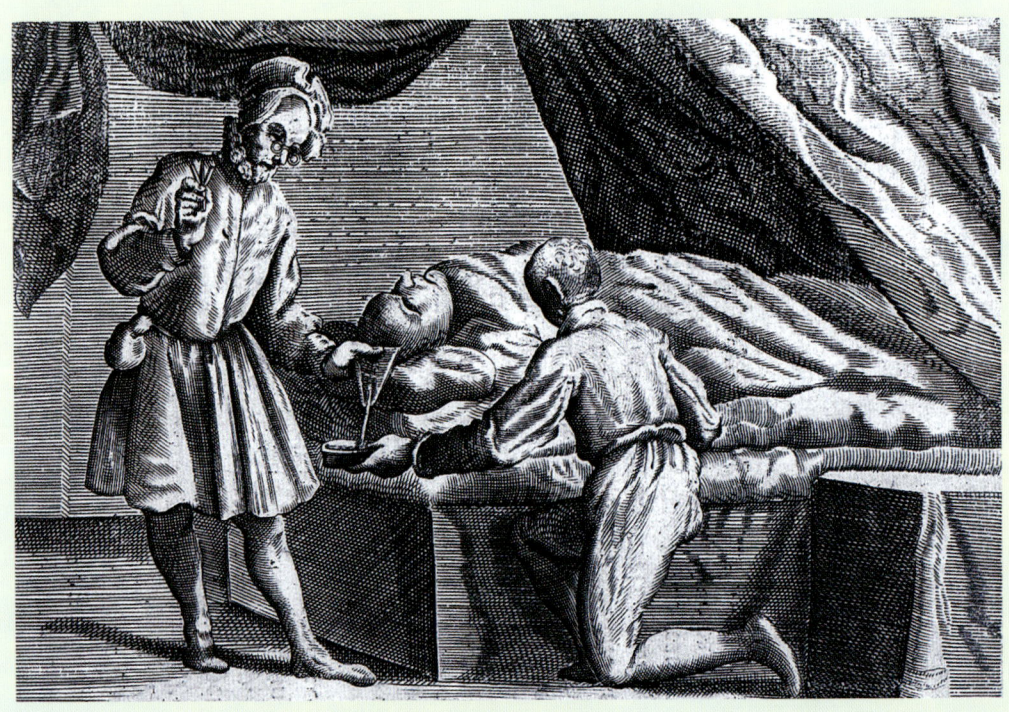

5 伊斯兰帝国和精神治疗

公元8世纪，世界上首家精神病医院在中东地区建立，当时，刚创建不久的伊斯兰帝国成为一个世界性学术中心。

公元7世纪，伊斯兰帝国从阿拉伯半岛向四处扩张，疆域向西扩张到西班牙、北非，向东扩张至印度和中国边境。这使得东西方文化在此交汇，知识被加以比较和融合。伊斯兰帝国不仅在数学和化学方面取得巨大进步，还推动了医学的发展，包括精神疾病医学。公元705年，世界上第一家精神病医院在巴格达建立，随后，开罗和大马士革也出现了类似的治疗精神疾病的医院。

新疗法

阿里·伊本·萨赫尔·拉班·阿尔–塔巴里是推动精神病医学发展的领军人物。然而，他的学生穆罕默德·伊本·扎卡里亚·拉齐（拉丁名为拉齐斯）名气更

位于巴格达的智慧宫在300年时间里，产生了各种思想和研究，使包括精神病治疗在内的各个领域的知识得到进一步扩展。

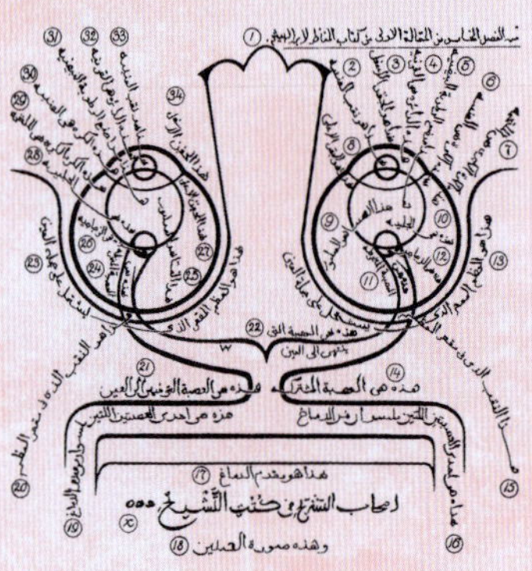

海什木的洞察

现代心理学大量依赖于感官刺激与知觉之间的关联。1021年，伊斯兰黄金时代的科学家海什木最早证明了二者之间的关联。中世纪欧洲人称他为哈金，他提出，眼睛的视觉感知是由光源发出的光直接形成的。

大。拉齐首创了精神疗法，重点是治疗人的精神，而非身体。拉齐与其他人一道创立了我们当今所谓的作业疗法和音乐疗法。与拉齐同时代的巴勒希提出"精神卫生"这一概念，并指出，对健康而言，精神卫生与身体健康同样重要。

6 常 识

随着大脑的内部结构变得更加清晰，中世纪学者试图解开大脑运作的奥秘。 毫不夸张地说，生命力最强的答案是，大脑运作靠的是常识。

直到16世纪，古罗马医生盖伦的著作一直在医学界占据统治地位（尽管他的理论通常是错误的）。他建立了一套理论，认为人体通过一种神秘的烟气（他称为"动物精气"）与大脑沟通。动物精气储存在脑室——位于大脑深层的四个看似空心的隔间。在需要的时候，动物精气会从脑室里散发出来，沿着神经传播，以收集感官信息或者控制肌肉。公元4世纪，叙利亚霍姆斯主教内梅修斯试图完善这一理论，并将其与宗教教义联系起来。内梅修斯提出，充满精气的脑室各自有不同的神经功能。

大脑里共有四个脑室，但是中世纪学者想让人类自身与基督教中的"三位一体"（圣父、圣子、圣灵）概念相吻合，因此，靠前的两个脑室被视为一体，从而使大脑内部的控制中心数量变成三个。

进一步发展

伊本·西那是伊斯兰黄金时代的医学学者，欧洲人叫他阿维森纳，他继续发展了上述观点。他认为，位置靠前的两个脑室与感官的联系似乎更为紧密，负责直觉和想象力。他将这两项能力结合在一起，统称为"常识"。常识到达中间的脑室，又遇到估计和直觉这两项能力。估计和直觉对常识进行加工，在身体做出回应前权衡常识的重要性，最终在位置最靠后的脑室里形成记忆。

尽管阿维森纳将身体与精神连接起来，但他是个二元论者，认为精神与身体是分开的。他之所以得出这个结论，是因为他想象一个"飞人"被蒙住眼睛、耳朵和鼻子，而毫不费力地悬浮在空中的状态。这个人将无法感觉到自己的身体，但是他的精神依然存在。

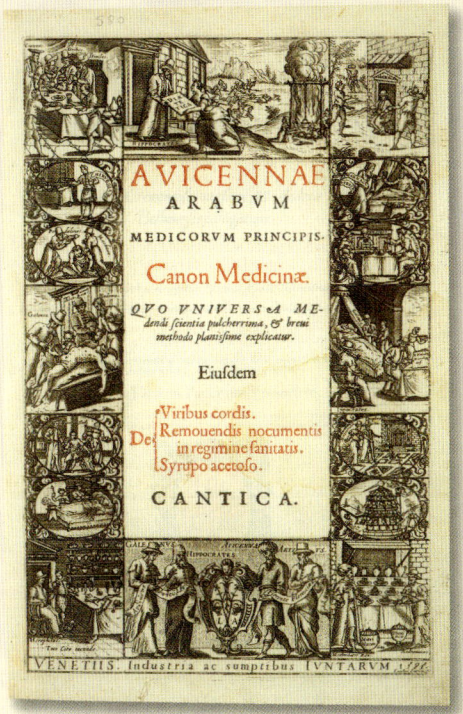

阿维森纳于1025年完成的《医典》，在盖伦的医学著作基础上加以改进，直到18世纪都是标准的医学教材。

7 一个身体，一个灵魂

中世纪，精神分析与宗教发生冲突，不朽的灵魂可能为人类精神和身体的任性行为负责吗？

阿奎那认为，情绪是分层级的，并将其作为虔诚生活的指南。例如，他认为世界上有三种爱：性爱、敬爱和仁爱。

人们对人性的讨论并未真正超越柏拉图等人的传统观点的范畴。这些传统观点认为，人类与动物的区别在于，人类的头部支配着来自心脏的感情和来自肝脏的驱动力，而人格就是在这三个灵魂相互斗争的过程中形成的。

巴塞洛缪斯·安格理克斯

1240年，巴塞洛缪斯·安格理克斯（又被称为"英国人巴塞洛缪斯"）写了《事物本性》一书。在书中，他描述了人生的八个不同阶段里的人格变化，并指出精神疾病是由身体疾病和人格原因共同导致的。

13世纪，意大利神学家托马斯·阿奎那穷尽一生将希腊科学与基督教教义融合在一起。他称，灵魂既不是人体的一部分，也不是在大脑里漂浮的单独的物质，而是身体和灵魂共同组成的单一的物质。因此，情绪和智力并不是分开的，二者之间相互影响。

8 驱魔术

接受驱魔术治疗的人并未被视为恶魔，但是由于受到恶魔的控制，因此他们在被实施驱魔术期间必须被制止住。

14世纪是段艰难期，黑死病夺走了亚洲和欧洲几千万人的生命。 人们对精神疾病的态度发生了转变，认为它是由恶魔导致的，在扩散前必须得到妥善处置。

中世纪的生活是艰难、残暴而短暂的。随着大瘟疫于14世纪70年代逐渐消失，欧洲又掀起了"疯狂舞蹈病"——一大群人疾病发作，做出类似舞蹈的动作。这些疾病可能是由真菌中毒导致的，但是中世纪的人们认为，这类疾病归根结底都是由恶魔控制造成的。疾病可能会扩散，因此恶魔必须尽快得到处置。人们只要发现有人行为出现异常，就会请神父前去驱除恶魔。神父会通过祈祷、举办仪式和供奉圣物来召唤上帝的力量，驱赶恶魔。虽然这是治疗手段，而非惩罚手段，可是过程总令人不快。

9 心理学

克罗地亚诗人、学者马克·马努尼发明了"心理学"一词。

心理学是一门相对年轻的科学,因此,当人们得知"心理学"(psychology)这个词是在16世纪20年代发明的,可能会感到吃惊,尽管在当时,这个词指的是灵魂,而不是心理。

1890年,美国心理学先驱威廉·詹姆斯将心理学定义为"一门研究精神生活的科学,不仅研究精神现象,而且还研究其存在的条件"。本书后面还会讲到詹姆斯,但是心理学这个词在他给出定义之前,已经存在了370年。心理学一词最早出现在克罗地亚人马克·马努尼所著的《人类灵魂心理学》一书中。几十年后,德国哲学家鲁道夫·郭克兰纽用这个词来区分物理材料及其在大脑中的知觉。马努尼和郭克兰纽使用的这个词源于两个希腊词根:*logos*(研究)和*psyche*(生命或灵魂的气息)。几个世纪后,心理学才停止研究灵魂,但是心理学这门学科却起源于灵魂研究。

10 笛卡儿的思维

勒内·笛卡儿因很多成就而出名,其中就包括"我思,故我在"这个命题,他建立在这一命题上的想法促使他提出理解心理的新方法。

笛卡儿对心理学的兴趣,以及他有关大脑的著作,都源于对意识和知觉本质的探寻。他并不强壮,而且还有个习惯:长时间躺在床上思考。一天早晨醒来后,他又开始思考——自己第一次醒来其实是在梦境当中。这促使他思考,人们如何才能

笛卡儿在科学和数学领域做出了重要贡献，尤其是解析几何，利用坐标系画线条的方法沿用至今。

将觉醒与梦境区分开来。想到自己的一生不过是梦境一场，他不能对此置之不理。因此，他开始对所有知觉产生怀疑：他认为自己所看见、品尝和触摸的任何东西都是他所不能理解的感官过程的产物，因此不得不产生怀疑。他认为自己完全有可能被某种恶魔力量控制，从而对真实世界产生了错误看法。尽管这种情况不大可能出现，但是笛卡儿并不能证明这一想法是错误的。他质疑自我，这一事实表明，至少他的心灵（如果说不是身体的话）必定是真实存在的。假设的恶魔不能使不存在的实体质疑自身的想法，只有真实存在的事物才能思考，而且只有会思考的事物才会质疑自己，正所谓"我思，故我在"。

对条件反射的反应

笛卡儿逝世后，直到1662年，他的著作《论人》才得以出版。在该书中，他提出大脑和身体主要是在自动运转。他认为，神经内部有阀门控制着动物体液的起伏。例如，当指尖按住某个物体时，阀门就会被打开，动物体液从大脑的脑室进入神经，使手臂肌肉移动。在某些情况下，思想也必须参与到这个过程中。

笛卡儿认为，是松果体（松果腺）在起作用。松果体虽然不是大脑本身的组成部分，但是却浸泡在脑液（也就是笛卡儿所谓的"动物体液"）当中。他认为，松果体产生微小动作，改变反射活动，最终控制动物体液的流动。灵魂或者心理——也就是笛卡儿所构想的具备质疑能力的实体——在松果体中是看不见、觉察不到的。

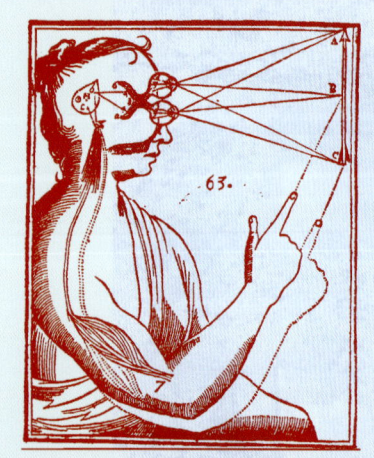

二元论

笛卡儿有关意识的观点形成二元论的基础（尽管阿维森纳此前曾有过类似的观点）。二元论认为，心理——思考的自我——与身体是分开的，身体是一部类似机器人的机器，或机器人。现代心理学界不认可这一观点，而是认为，心理学是建立在生物学基础之上的。

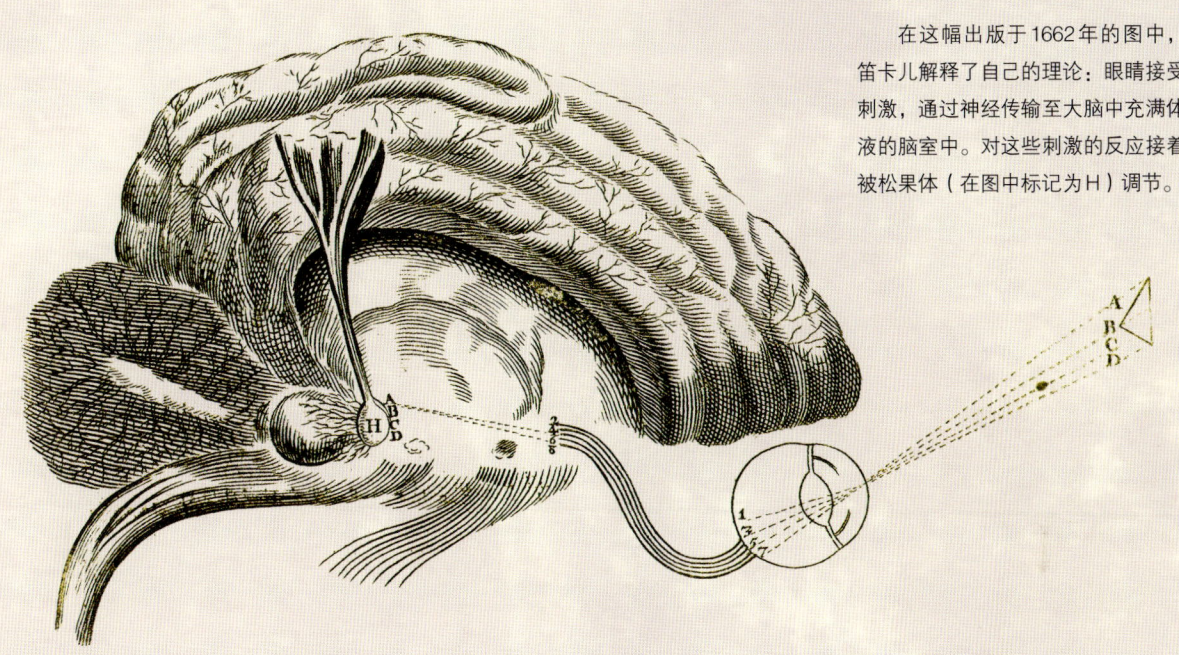

在这幅出版于1662年的图中，笛卡儿解释了自己的理论：眼睛接受刺激，通过神经传输至大脑中充满体液的脑室中。对这些刺激的反应接着被松果体（在图中标记为H）调节。

11 绘制大脑图像

笛卡儿有关人类灵魂的论文发表两年后，一名英国医生对大脑的结构进行了详细研究，结果显示，想要理解人类心灵，并不需要神秘体液的参与。

英国医生托马斯·威利斯在《大脑解剖学》一书中发布了自己的研究结果，该书成为神经学（研究大脑结构的学科）领域最重要的著作。事实上，"神经学"这一词还是首次在该书中出现。威利斯顺着为大脑供血的动脉，在大脑底部血管中发现一个古怪的环状结构。该结构如今被称为"威利斯环"，内部存在冗余。假如某根血管出现问题，血液总是可以找到另一条输送途径。因此，大脑即使严重受伤，仍然可以运转。

英国皇家学会成立于1660年，是世界上第一个国家级科学机构。托马斯·威利斯是此机构创始人之一。

功能与形式

托马斯·威利斯不仅对绘制人类大脑结构感兴趣，他还想知道大脑每个部分的功能。他的观点推动了神经学的发展。从前，神经学研究脑室里微微发亮的体液，而这是首次用现代方法分析大脑运作的方式。威利斯采取了与阿维森纳的常识观念完全不同的方法。他最先将人类大脑与其他动物大脑进行对比，并且认为，人类大脑的上半部分掌管推理和想象能力。这是人脑最大的部分，远比动物大脑同样的部分大得多。威利斯认为，大脑下半部分负责呼吸等基本功能。他将大脑的下半部分称为小脑，意思是"小脑袋"，与指称其他大部分的大脑相区别（威利斯所谓的大脑是指称后脑的一般术语，而不是如今所描述的具体结构）。威利斯还区分了大脑的"灰质"和遍及全身的神经纤维，也就是"白质"。

折叠的大脑

人类大脑表面折叠成隆起的圆形脊，被称为脑回，在大脑里形成一个相对统一的形状。将脑回分开的"谷地"被称为脑沟。威利斯认为，每处脑回都负责某个具体的功能，并从位于下方的更基础的部位来获取感官信息。

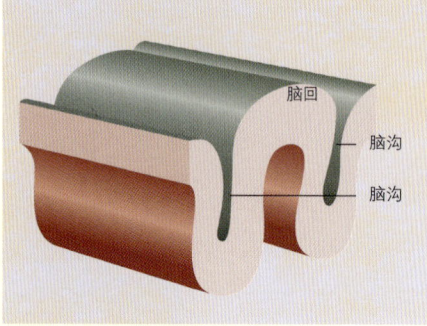

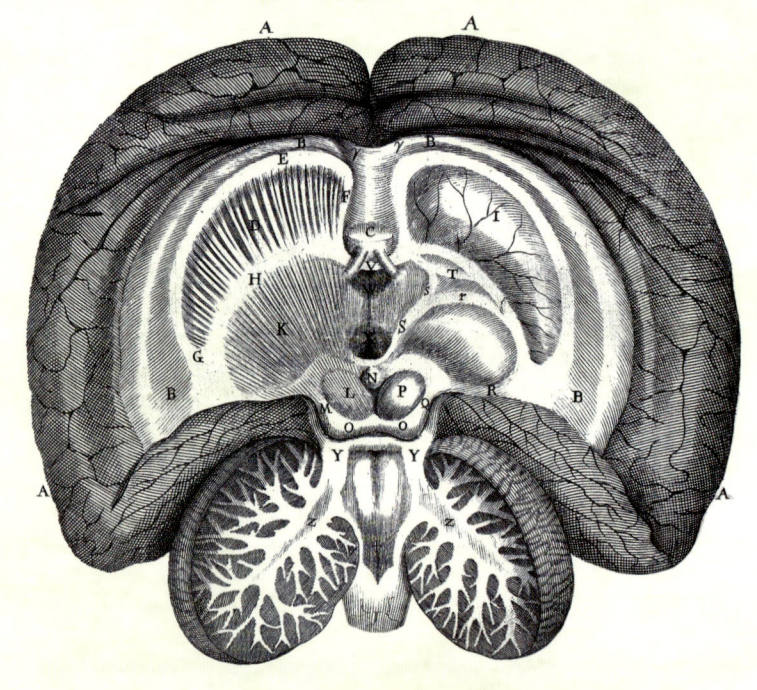

右图是托马斯·威利斯著作中的插图，显示了大脑中诸多复杂的细节。这幅插图由英国著名建筑师克里斯托弗·雷恩绘制。克里斯托弗主持设计了17世纪的许多著名建筑，其中就包括伦敦的圣保罗大教堂。

12 知识的本质

心理学的一些基础是由医学研究奠定的,而另外一些基础则是由哲学家奠定的。 英国人约翰·洛克提出了一个重要问题:知识来自哪里?

约翰·洛克是经验主义哲学学派的创始人,该学派认为知识源于经验。因此,根据洛克的观点,刚出生的婴儿的大脑是块白板。但是随着婴儿慢慢长大,与世界产生联系,大脑很快就被填满。现代心理学在很大程度上都是建立在这个观念基础之上的,心理会经历好几个发展阶段,当发展出现问题时,就会产生心理疾病。

约翰·洛克关于人类心灵的哲学理念在后世哲学家那里得到传承,包括大卫·休谟和伊曼努尔·康德。

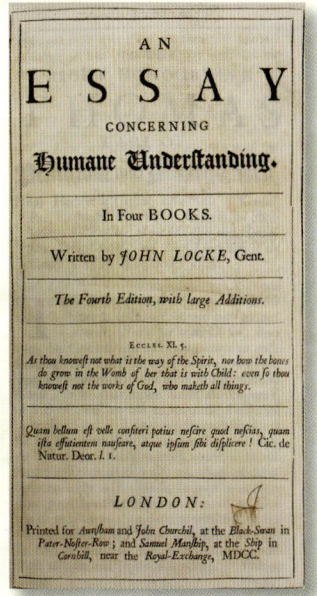

洛克的《人类理解论》实际上包含四本书,是对笛卡儿二元论的批判性回应。洛克认为,大脑的一切想法都源于对外部世界的感官反应。

收集经验

1690年,洛克出版了《人类理解论》一书,他认为人类心理或意识是由具有层级的观念所塑造的,最初是最简单的观点——明亮、黑暗、光滑、尖锐等,并随着心理对世界的感知,在一生中逐渐建立完善起来。在他之前,许多哲学家已经断言,至少自我的一部分是天生的。柏拉图认为,人类的心理"知道"任何事情,但是我们在出生的时候全都忘掉了,需要唤起记忆。其他哲学家认为,是上帝将普遍观念(大多数是关于上帝的观念)铭刻在每个人的心

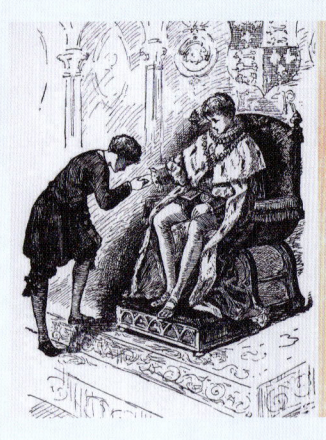

身份

洛克想象将一位王子和一名乞丐的心理进行互换,来检验自己对心理的内容的论断。两人的身体没有发生变化,但是想法和记忆进行了互换。洛克想知道,在这种情况下,谁是王子,谁是乞丐。

中的。然而,洛克拒绝承认存在内在知识这一说法。他反而认为,自我完全是可塑的,在成长的过程中以多种方式变化,并以此作为自身存在的依据。因为自我是生命的心理记录,他认为,假如记录遗失或改变,自我就会随之发生改变。如果一个人完全丧失了记忆,只能依赖新经验生活,那么他就成了一个完全不同的人吗?

13 理念与实事

心理学家喜欢用乔治·贝克莱设置的难题来难倒对方。这位爱尔兰哲学家表示,任何事物都没有意义,除非大脑感知到它。

贝克莱认为"三不猴"(译者注:三不猴源于《论语》中的"非礼勿视,非礼勿言,非礼勿听"。三只猴子分别用双手遮住眼睛、嘴巴与耳朵,分别代表不看、不说、不听,表现出谨慎、善为、与世无争的处世性格)是对的,假如它们什么都没有看到、听到或者说出来,那么就不会存在邪恶,任何事物都不值一提。

如果一棵树在森林中倒下,但是没有人看见它,那么它会发出声响吗?这是年轻的心理学家喜欢问对方的问题。乔治·贝克莱会回答"不",因为他并没有看见树倒下,树(以及整个森林)甚至没有存在的意义!他的前辈约翰·洛克认为大脑充满了关于整个世界的经验,而贝克莱则认为,只有大脑才能表明世界存在过。

心理印象

贝克莱是一位英裔爱尔兰人,他出版了几部有关"非物质论"的著作。他的中心哲学理念有时候被总结为"存在即被感知"。贝克莱并没有质疑外部世界的存在,他的贡献在于他提出的问题:我们能否从这个世界中有所发现?贝克莱称,我们所具备的,是对由观感感知的外部世界的心理印象。其余任何事物,都没有存在的证据。这表明,世界并未促使我们以特定的或者真实的方式去理解它。我们反而会将自身的经验投射到世界当中,我们可能观察到的缘由和影响都取决于自身的行动,而不是天生的。该观点在于我们如何理解人类意识——只有我们感知到人类意识的存在,它才会存在吗?

乔治·贝克莱是18世纪初期研究心理的最杰出的哲学家。

14 催眠术

睡眠具有天生的修复功效,一觉过后,一切都变得更好了。 18世纪,一位德国医生重新引进了一项古老的技能即催眠,并且用于治疗人类的疾病。

我们这里所说的医生名叫弗朗茨·梅斯梅尔,他的工作都是建立在"施催眠术"这个词之上的。"被催眠"一词如今的意义是被某种事物惊呆,但是最初的意义却是接受梅斯梅尔技术的治疗。如今,我们称之为催眠术,意思是"类似睡眠的状态",但是直到70年之后,这个词才被斯科特·詹姆斯·布雷德发明出来,梅斯梅尔并未发明这个词。催眠术在古代得到广泛应用，通常是在病人接受治疗的"睡眠神殿"当中。那里的牧师将病人带入"类似睡眠"的状态，病人身心放松，但仍然能意识到周围所发生的事情。接着牧师会为病人提供建议，让病人集中注意力，并试着根除病人的疾病，这种做法有时候会成功，有时候会失败。梅斯梅尔采取了同样的手段，但他同时还使用了磁铁，将磁铁置于身体部位上方，以刺激病人体内的"动物磁力"。磁铁除了让他的治病技巧更加花哨之外，起不到任何实际作用。梅斯梅尔的效仿者抛弃了磁铁，但是仍然使用催眠术治疗疾病。多年之后，布雷德将催眠术描述为这样一种状态：大脑每次都能够完全集中在一个观念上面。催眠术直到后来才成为通往潜意识的一扇门。

这个混乱场面描绘的是画面左侧的梅斯梅尔为一名女患者进行治疗，而一大堆病人在排队等候。

1800—1900年 / 29

15 颅相学

将大脑结构与功能（特别是人格）联系起来，是一项极其困难的任务，而且常常让人误入歧途。也许最严重的死胡同就是颅相学这门"科学"。

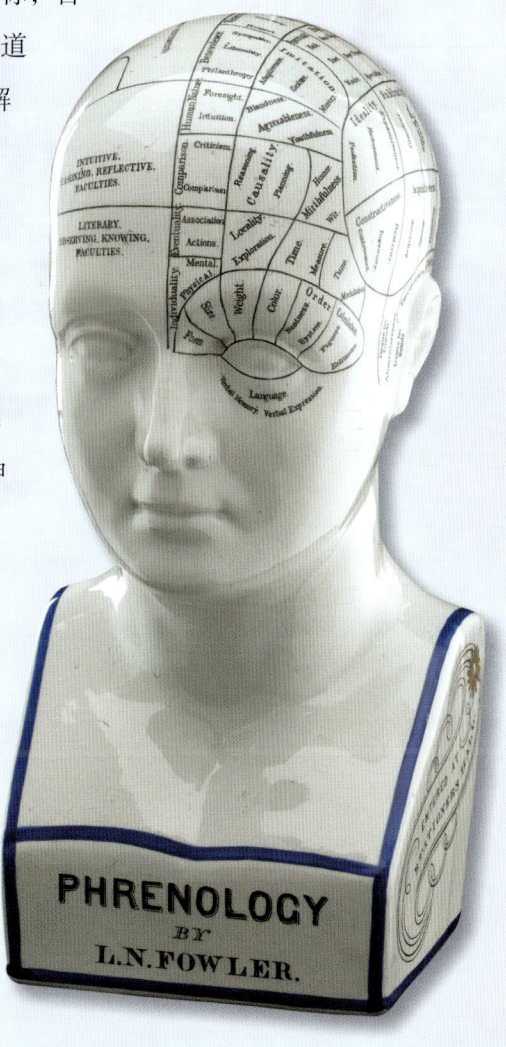

加尔的颅相学地图将高级品质置于颅骨的顶部，而低级的、基础食欲则位于颅骨的底部。

弗朗兹·约瑟夫·加尔是颅相学创始人，他的学说对19世纪精神病医生产生了重大影响。

19世纪初，德国人弗朗兹·加尔声称，自己只需要观察一个人的头部，就可以知道对方的人格特征和才能。加尔是一名解剖学医生，他将这种方法称为颅相学，意思是"心理的研究"。颅相学的基本要领很容易掌握，再披上科学的外衣，即在欧洲富人阶级中广为流传。然而，颅相学实际上并无科学依据，毫无证据支持。不过，它暴露了伪科学谬论的危险，的确对心理学和神经学的发展做出了重大贡献。

头部形状

颅相学的核心主张是，大脑是一堆独立"器官"的集合体，每个器官都负责一项特定的任务。这些器官在儿童时期就开始发育，同时会影响头盖骨的发育。18世纪90年代，加尔开始在维也纳医学院开办讲座，宣扬自己的观点。但是，他得罪了宗教势力，于是被迫在1802年移居巴黎。正是在巴黎,颅相学引起了公众的兴趣,而且这种局面持续了多年。令人惊讶的是,加尔从9岁起,就一直在发展自己的理念。他还称自己曾与学校里的朋友比较学习能力。加尔擅长写作,但是他的朋友更加擅长背诗。年轻的加尔将这种区别归结为他的朋友有一双"牛眼",换句话说,他的朋友额头上有块微微的凸起。加尔认为,这足以证明言语记忆和言语中心位于前额处。其他容貌类似的人也会擅长言语和文字记忆。对于一名儿童而言,这是个聪明的观察,但是加尔长大后也并没有停止这方面的研究。平心而论,几乎没有人曾发表过其他有关大脑功能定位的观点。加尔的终身事业就此开启。

颅相学家了解他们自己。颅相学理论尽管有明显的缺陷,但是很容易被大众理解。许多实践者宣称,只要测量儿童的颅骨,就能预测他们的未来。

建立体系

加尔开始绘制颅骨图,为此,他采取了一些手段。首先,他研究了伟大思想家、艺术家和其他取得重要成就的人(包括他自己)的颅骨。他想寻找他们颅骨的与众不同之处,因为他认为,这将指明这些人非凡的脑区所在的位置。出于同样的原因,加尔还研究了罪犯和精神疾病患者的大脑。他总共研究了300多人的颅骨,这些人都具备异乎寻常的能力。同时,他还尽可能选择来自不同阶层的人。

动物与人类

当然,人类大脑的许多功能与动物相同,因此,加尔还研究了很多动物的颅骨,每个动物都有某种典型特征。加尔共绘制了人脑的27个区域图,其中19个区域与动物相同。他认为,与破坏力相联系的区域位于耳朵上方,因为大型食肉动物该部位都很突出(他所鉴定的部位是与颅骨连接在一起的大块颌骨肌肉,有利于撕咬和咀嚼,但是与大脑毫不相关)。该部位上方掌控偷盗的欲望，因为加尔发现，小偷的该部位有大块凸起。作家经常揉搓大脑两侧，加尔从很多诗人的半身像中发现，他们的大脑两侧明显变大。因此，他认为，该部位负责掌控想法和理念。宗教人士头顶有凸起，因此，加尔认为该部位掌管宗教信仰。

加尔称，大脑的两个半球是重复的，对称运作，因此大脑的一边受伤，将会破坏平衡，导致功能丧失。颅相学的有效性从一开始就遭到质疑，其中最有力的论据是，即使加尔所鉴定的大脑部位被切除，大多数功能仍然能够恢复。

这幅漫画对颅相学抱有偏见。在漫画中，加尔的头部形状怪异，令人毛骨悚然。他的实验室里摆满了世界上伟大思想家的颅骨，而他则正在研究英国和瑞典首领的头部。这两个人都被好战的法国邻居拿破仑·波拿巴打败。

16 韦伯-费希纳定律

除了思想实验、哲学思维和不时出现的空想理论，还有一门非常与众不同的学科——数学，也对心理学做出了贡献。

韦伯-费希纳定律采用数学方法描述感官知觉与声音或光线等物理刺激的关系。该定律称："感觉的强度想要呈算术级增长，那么物理刺激就需要呈几何级增长。"下面来详细讲解该定律。

人类感官可以对各种能量做出反应。一方面，在耳膜几乎不振动的情况下，耳朵就可以觉察到最微弱的声音；另一方面，我们可以听到比这强10万亿倍的声音。类似地，人类能看到太阳，也能看到能量不足太阳10万亿分之一、最微弱的恒星。然而，当我们身处闹市，有车辆在身旁经过，或者有飞机在头顶飞过时，我们仍然能够轻松地听辨出微弱的声音，例如谈话或者硬币掉在地上发出的声音。

第一次世界大战中，发射大炮的炮兵捂住耳朵，以免耳朵受到伤害。炮兵的幸运之处在于，两门大炮同时发射，声音并不会增至两倍。

数学关系

从数学的角度来看，感官不是对某个刺激绝对增加量的反应，而是在之前的水平上呈分数式增长的。1846年，恩斯特·海因里希·韦伯发现，人类对重量的感知的变化与重量增加的数值呈对数关系。重量变化太微弱，人类几乎无法察觉。说到声音，声音强度增加到十倍，人类可能只感知到增加一倍的强度。1860年，古斯塔夫·费希纳拓展了韦伯的发现，因此，该定律也包含了费希纳的名字。要想测试韦伯－费希纳定律，你只需将两扇关闭的窗户打开一扇，这样就能将进入房间的声音音量减少一半，但是耳朵几乎感觉不到这种差别。

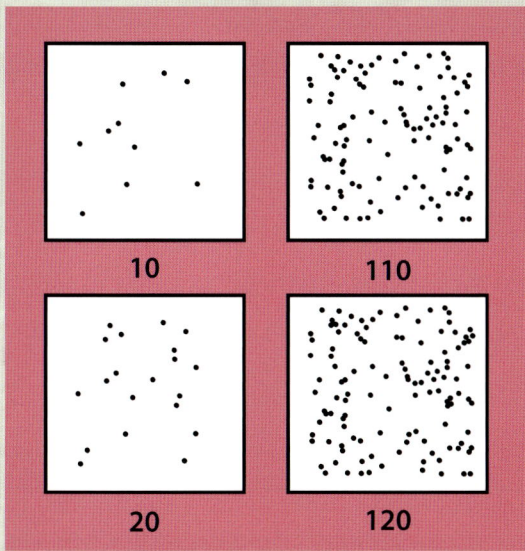

在某个刺激基础上增加10个单位，对我们的感知具有不同的影响。从10增加到20的话，刺激强度成倍增加，我们能感受到巨大变化。而110和120之间的差别就远没有这么明显。

17 选择自我

索伦·克尔凯郭尔是存在主义哲学的创始人。他是个忧郁的人，他的哲学理念认为，我们每个人都有一个本真的自我，而我们已经疏远了这个自我。

克尔凯郭尔生活在浪漫主义时期，浪漫主义者认为，健康快乐的心理源自人类与大自然和谐相处。这是从感性层面实现的，而理性层面形成的则是阻碍。丹麦年轻人克尔凯郭尔有不同想法。他感到孤独，而且认为我们所有人都会感到孤独。他有抑郁倾向，他自身的哲

克尔凯郭尔生活充实，但并不幸福。无论是在丹麦还是在其他国家，他经常招致争议。在公众眼中，他就是个滑稽人物。

在1844年出版的《焦虑的概念》一书中，克尔凯郭尔让读者想象自己站在悬崖边上。站在悬崖边上朝下看令人恐惧，有两个原因：一是对悬崖的恐惧，二是对跳过悬崖的恐惧。恐惧让人苦恼，会激起轻佻和鲁莽行为，还会迫使人们变得通情达理。图中的这个人似乎已经学会面对内心的冲突。

学理念在某种程度上是自我检验，概括起来以理解人类的境况。结果，克尔凯郭尔认为人类平淡无奇。他说，人类的一切都在于选择。人类的生死取决于行为决策，从现实情况来看，就取决于我们如何面对人生中的危险和障碍。然而，人性还与道德抉择息息相关，人类要么选择仅为享乐而生，要么遵循一套道德体系。你可能会说，这一点也不新鲜。然而，克尔凯郭尔认为，我们所做的每个决定都是独立的，不受自身教育背景和社会传统的影响——如果我们选择这样做的话。而且重要的是，在这种情境下，道德完全是主观的，甚至好坏的界限也是由我们自己决定的。我们在做道德选择时，驱动人生存本能的恐惧同样存在，也就是"自由眩晕"，会导致焦虑症和抑郁症（克尔凯郭尔本人就患有抑郁症）。他说，为了避免这种绝望，我们必须接受本真的自我。试图改变，会导致更多绝望——要么你无法改变，要么失去本真的自我。

18 菲尼斯·盖奇

一场发生在新英格兰地区某个铁路终点站的可怕意外已经成为历史。 受害者菲尼斯·盖奇成为人们眼中的奇迹和怪物,并且成为人格研究的早期被试。

1848年,在美国佛蒙特州的一处铁轨上发生了一场意外。在爆破现场,一段约1.22米长的金属棒从一名工人的左脸刺入,刺穿了头顶。这名工人大脑严重受损,可仍然活了下来,但是每个人都很好奇,大脑受损会给他带来哪些改变。

这名不幸的受害者是25岁的菲尼斯·盖奇,他当时是拉特兰和柏林顿铁路公司的一名领班。盖奇当时正用一条长铁棒往岩孔里填埋炸药。岩孔里的一颗火星意外点燃了炸药,一瞬间,铁棒就插入了盖奇的左脸颊。几分钟后,他就恢复了意识,在人们的帮助下,走进附近的一家宾馆,等待医生来治疗。医生到达后,盖奇只不过说了句:"医生,麻烦您了。"

盖奇死后,他的头骨接受了检查。检查结果显示,他的颅骨受到严重损伤。

恢复健康

爱德华·威廉姆斯和约翰·哈罗这

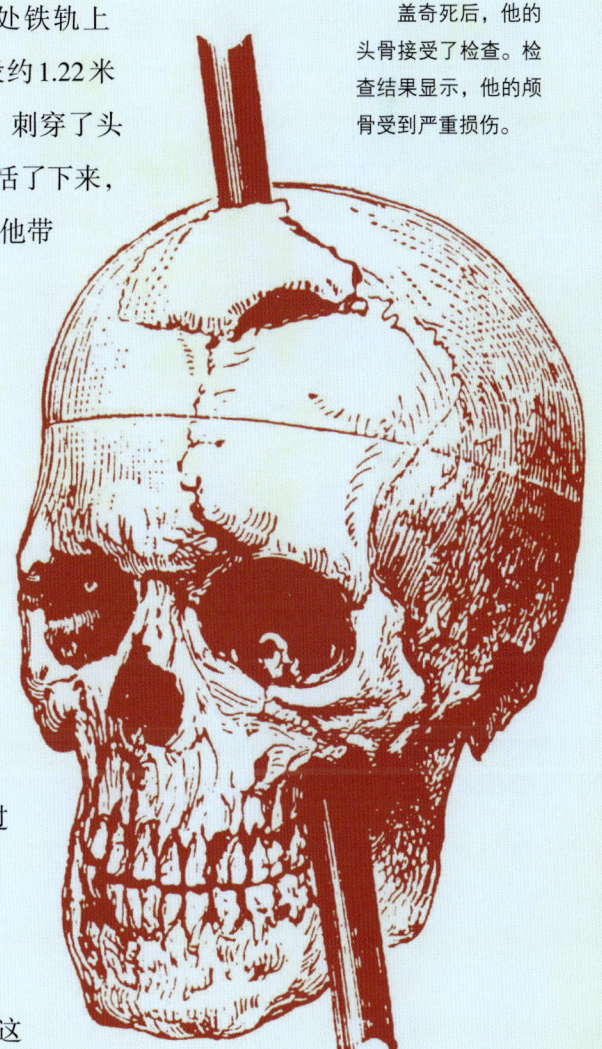

两位医生剪掉盖奇的头发，清理了已经凝固的血块和脑浆。两人接着将他们能找回的头骨碎片填进脑孔中，再给盖奇戴上睡帽。在接下来的两周时间里，盖奇的意识不时地进入兴奋状态，但他的力量很快就恢复了，在当月就又能走路了。他能跟以前一样正常说话，除了左眼失明，其他感官都正常。

盖奇完全恢复后，成了名人。有一阵子，他还在全国巡游，人们蜂拥而至，前来看这个头部有洞的人。据他的赞助人记载，盖奇乐意涉足演艺业，但是当人们对他的故事失去兴趣后，这些机会也就不复存在了。最终，盖奇成为一名马车出租者兼公共马车司机。他本人表示，对这份工作十分满意。

医生约翰·哈罗救了盖奇的命，哈罗一生都对这个病例感兴趣，并于1868年撰写了评估报告。然而，哈罗遭人诟病之处在于，他采用的方法不科学，而且还用盖奇的病例来推广他的颅相学观点。

死后

19世纪50年代，盖奇大部分时间都在智利的野外驾驶马车。而到了19世纪60年代，他开始癫痫发作，无法从事正常工作。他回到美国，几个月后就病逝了。当时并没有进行尸检。很明显，盖奇癫痫发作不断加重，最后丧生，很可能是12年前那次受伤导致的，但也可能存在其他原因。

盖奇死后，故事并没有因此结束，人们感兴趣的不是他的死因。1866年，在那次事故后曾为盖奇治疗的医生盖罗要求挖掘盖奇的颅骨，并检验他的头骨。检验结果显示，盖奇的大脑额叶严重受伤。根据当时功能解剖学的主导理论颅相学，这意味着盖奇应该丧失了高等人类能力。专家得出结论，盖奇的大脑受到如此严重的伤害，可能会丧失对自身动物本能的控制。这种说法对吗？

菲尼斯·盖奇自豪地与改变他命运的铁棒合影。他尽管被毁容，但是看起来仍然十分英俊，甚至有段时间还成了名人。

遗产与传奇

根据盖奇生前最后几年的记载，盖奇变得跟从前不一样了。人们据此推论，大脑损伤改变了他的人格。从前，他冷静、勤劳，而后来，他开始变得急躁、粗暴。一首匿名诗总结了当时的普遍观念："道德高尚者盖奇，填埋炸药为生计。勿闻一声爆炸起，额叶刺穿无声泣。终日酗酒咒苍天，内心怒气难平息。"这些情绪爆发是由他的大脑发生改变造成的，还是由他受伤的经历及由此出现的一系列问题造成的？现在人们认为，报道夸大了盖奇人格的变化程度，以迎合当时占主导地位的神经系统科学理论，特别是颅相学理论。如果真要说的话，盖奇的事故实际上反驳了这些观念，表明大脑受伤并不总是导致功能明显丧失，反而表明，大脑具有非凡的恢复能力。

菲尼斯·盖奇经历的那次事故，改变了他的命运，并由此改变了我们对人类大脑和人格的看法。如今，仍然有一段寂静的铁路经过事故现场。

19 情绪障碍

1870年，一名英国医生并不是通过研究大脑来了解心理的，而是通过调查心理疾病来了解心理的。

亨利·莫兹雷认为，精神疾病或心理疾病是大脑紊乱在情绪上的体现。在医学院就读时，他的理想是成为一名外科医生。然而，他很快就变得不耐烦，于是选择在印度为英国殖民当局工作。为了得到这份工作，他不得不在一家精神病院工作半年。"精神病人"这一词指的是具有精神障碍、变得虚弱，但是看起来无身体障碍的人。该词语源于古代，当时人们认为，精神疾病受到月亮的影响。莫兹雷发现精神病学正处于蓬勃发展阶段，于是转行从事精神病学工作。尽管伦敦贝特莱姆皇家医院在成立后的600年时间里，大部分时间都在营业（至今仍然在开放），但是在19世纪中期，精神病学这门学科还十分落后。然而，莫兹雷没能在这家医院谋得一份工作。幸运的是，他娶了当时伦敦著名的精神病医生约翰·康诺利之女为妻，因此，他在岳父的私人精神病院工作，并在那里检验自己的理论。

1870年，他将自己在一系列讲座中提到的内容集结为《身体与心理》一书。莫兹雷提出，许多精神疾病都可以根据病人的情

在莫兹雷生活的年代，贝特莱姆医院被称为"贝德拉姆"，意思是"嘈杂混乱"，用来描述医院内部的情形。

莫兹雷1870年的著作《身体与心理》在精神病学领域有着重要影响。

1800—1900年 / 39

位于伦敦西南部、英国最大的心理学培训中心被命名为莫兹雷医院，这是为了纪念亨利·莫兹雷。

绪症状分类。他将这些症状称为"情感障碍"，但是"情绪障碍"一词如今更为通用。莫兹雷区分出了三种情绪障碍，它们分别会导致抑郁、狂躁和焦虑。他的另一项贡献是为一种方法提供了科学的依据，这种方法就是用情绪术语而不是用生理状态来为病人描述症状。

从莫兹雷那个年代开始，情绪障碍就有多个子分类，但是人们对病因仍然知之甚少。如今，人们用大脑中的化学反应来解释情绪，但一个大问题在于，化学反应到底是情绪障碍的主要病因，抑或仅是另外一个症状？

20 查尔斯·达尔文论情绪

达尔文于1859年出版《物种起源》一书后,并没有躺在荣誉簿上,他还有其他方面的兴趣,包括鸽子、性别特征及本书主题之一的情绪功能。

由自然表情展现出的情绪很快就能识别出来,而电击人脸发出的不自然表情看起来就不够真实。

1872年,查尔斯·达尔文出版了《人类和动物情绪的表达》。这是根据他的"进化论"出版的第三本书。与第二本书《人类起源》类似,这本书的写作缘由是,他无法将自己的全部想法写进第一本书《物种起源》中。达尔文与精神病学和情绪障碍领域的先驱亨利·莫兹雷是朋友,两人有很多共同兴趣,经常在一起讨论情绪这一话题。达尔文想要探索情绪的功能有哪些,人类为什么会产生情绪,情绪与行为相比如何。其他动物,特别是类人猿也会有情绪化行为。

查尔斯·达尔文在提出自然选择进化论的观点后,就退出了公众视野。但是,他继续研究其他相关的观点。

表情与感觉

达尔文的其中一个兴趣在于:情绪是如何通过面部表情来传达的?人类与类人猿(及其他动物)都有面部表情。达尔文与法国研究者杜切尼一起合作，后者向人们展示，通过电击面部不同肌肉，人脸可以展现出几种不同的面部表情。达尔文认为，面部表情的意义可以归结为一种基本的现实目的。例如，他认为，动物露齿嚎叫起到的是警告作用，而人类通过改变眼睛和嘴巴形状露出的微笑，表示某人尽管有撕咬的能力，但并无伤害的意图。达尔文辩称，人感受到的愤怒、悲伤等情绪反应是一种心理反射，人类在无须过多思考的情况下，身体可以做出适当反应。而像狂怒或恐惧等不适当的情绪，则是神经过度反应导致的。

21 先天与后天

查尔斯·达尔文有很多有名的亲戚，其中就包括弗朗西斯·高尔顿。 高尔顿想要了解智力与人格的来历：它们是来自遗传，还是在成长过程中形成的？

弗朗西斯·高尔顿一生中取得的成就也是非凡的。他首先提出在犯罪现场通过鉴定指纹来识别罪犯，还开发了很多统计技术，以测试收集到的数据能否得到可靠答案，他创立了心理测量学，也就是量化心理特征的学科，最终形成今天我们所用的人格测量方法。此外，他还进行过气象学研究（他在报纸上发布了世界上首张天气预报图）；他在纳米比亚探险，甚至还是世界上最早的人类学家之一。

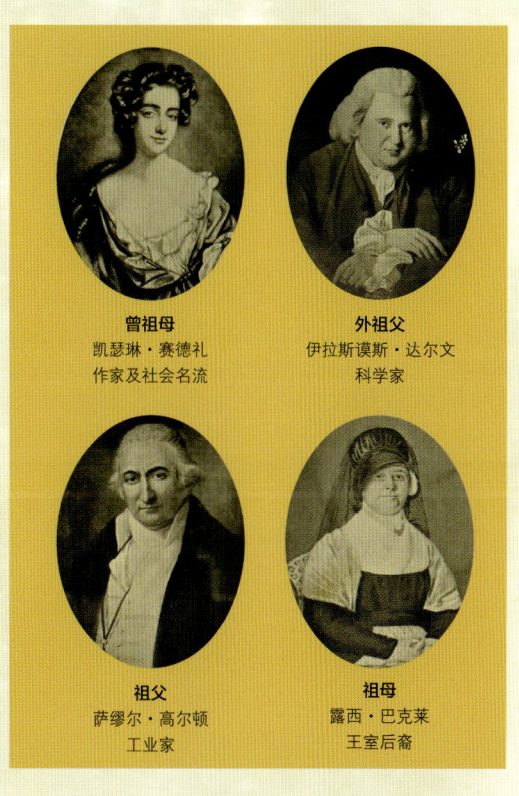

曾祖母
凯瑟琳·赛德礼
作家及社会名流

外祖父
伊拉斯谟斯·达尔文
科学家

祖父
萨缪尔·高尔顿
工业家

祖母
露西·巴克莱
王室后裔

糟糕的观点

尽管高尔顿成就非凡，并因此获得嘉奖，但他的名气并没有人们想象中那么大。为什么呢？以现代的观点来看，就像当时英国人说的那样，是他亲手毁坏了自己的名声。换句话说，他最为人所熟知的，是他最糟糕的观点——优生学。优生学认为，人种可以通过人工授精来"改进"，就像对狗、牛和其他家畜进行配种一样。

高尔顿的祖先成就非凡者众多，他用于从事研究的个人财富出自祖父开办的军工企业，该企业为英国军队提供武器装备。

测量心理

繁衍人类需要满足两个条件。首先，需要通过科学逻辑对夫妇进行配对，而不是通常考虑的个人和家庭因素。其次，科学逻辑要求高尔顿能够识别出我们当中的哪些人具备优秀的心理和身体特质，以遗传给"改进"的下一代。最后，高尔顿还必须向人们展示，就跟头发颜色和肤色一样，人类的人格和智力也是遗传的结果。因此，高尔顿提出了一个至今仍然存在争议的问题：先天与后天，遗传和养育，到底哪个更重要？

优生学实践

20世纪初，高尔顿的优生学理论曾短暂地得到社会主流的支持。天生学习困难的人曾被要求做绝育手术，以免繁衍下一代，这种方式备受争议，因为培育某个特质在畜牧业中是常见的，但用在人类身上显然不合适。因此背负污名的还有德国纳粹，因为他们也曾尝试创建"优等民族"。

大脑袋

19世纪70年代，高尔顿开始进行脑科学领域的研究。当时，有关大脑结构和功能的新发现如雨后春笋般出现。然而，假设仍然是，人的头部越大，大脑就越大，人也就更聪明（颅相学的遗留观念）。高尔顿开始进行大量研究，记录人的颅骨解剖状况（最明显的就是头部尺寸和形状），并与人的心理能力做对照。他通过至今仍在使用的问卷调查，收集了有关人格、成就和态度的数据。为了区分先天和后天，他还研究了双胞胎。

统计分析

高尔顿对科学界影响最深远的贡献是，他发展了统计技术。他最为人所熟知的是提出了"群众智慧"这一观念。在乡村集市上，人们猜测一头公牛的重量，猜测数字最接近真实值的人能赢得这头公牛。高尔顿将所有猜测值加起来，求平均值。即使大多数猜测与真实值有差距，但是它们的平均值几乎与公牛的真实体重完全一样。高尔顿发展了这个观念，发明了"标准差"，也就是一项数学测试，显示一套数据有多大可能反映真实平均值。

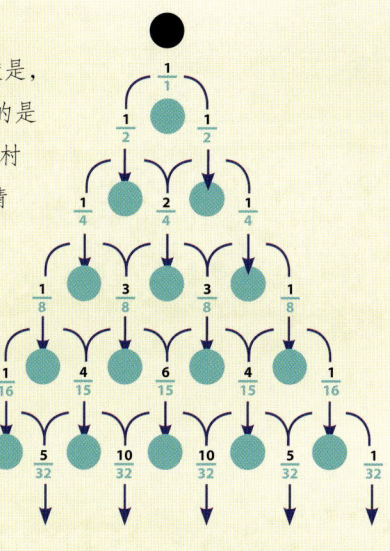

左边的装置有时候被称为高尔顿钉板，它展示了真实世界里数值的正态分布。正如概率论或数学领域的可能性所预测的那样，球由顶端扔下，掉在中间的可能性比掉在两边的可能性更大。

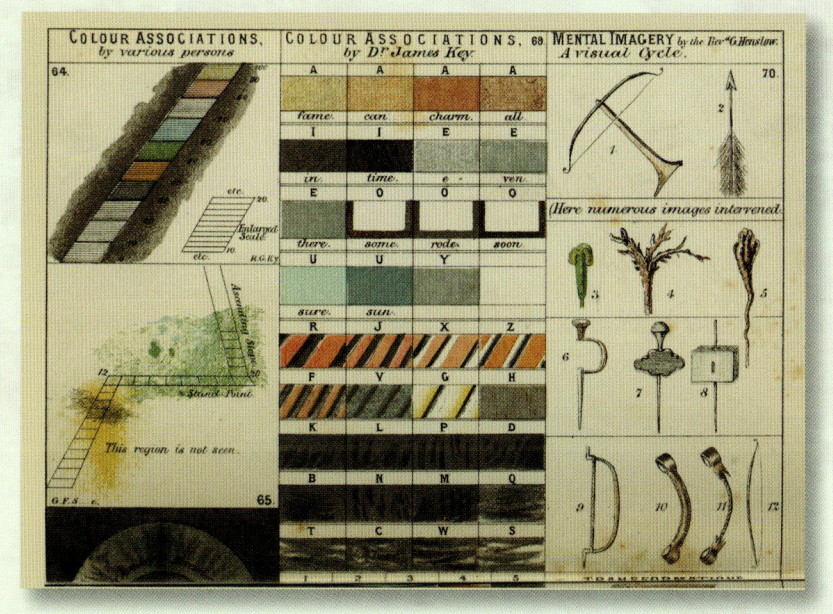

他希望将生理解剖和心理能力二者关联起来，最终却以失败而告终。但是，他的统计分析结果表明，人格是可以遗传的，只是在成长过程中有所改变。然而，先天和后天的辩论仍然在持续。

在高尔顿1883年出版的《人类官能及其发展》一书中，一块色盘记载了联觉，也就是各种感觉混杂在一起，例如，人们在听人说话时，会看到颜色。

22 癔症

19世纪70年代，人们认为情绪症状是身体原因导致的，医生检验大脑寻找病因。该领域的领军人物是在巴黎工作的神经学家让－马丁·沙可。他的研究兴趣在于癔症（"癔症"一词是对精神痛苦的统称）。

"癔症"一词源远流长，它源于希腊语中表示"子宫"的词。多个世纪以来，男医生认为，只有女性才会得癔症，而病因则是子宫出现了问题。这个观点当时可能行得通，但是沙可并不认

让－马丁·沙可用一位"癔症"患者做示范。旁观者包括当时神经学界的大人物，如约瑟夫·巴宾斯基（图中托住病人者）和乔治·吉勒斯·图雷特（前排穿围裙者）。

可。他认为，癔症与癫痫症有类似之处，是由神经系统本身导致的。症状包括不由自主地大哭或大笑，胡乱地做出各种手势，甚至导致失明和丧失意识。沙可说，女性可能更易患癔症，但是男性也难以避免癔症的影响。沙可的其中一个理论是，男性的精神疾病是由癔症导致的，但是其影响比较柔和，或者表现方式不同。沙可采用催眠术探测癔症，认为易患癔症的人更容易被催眠——这可能会为寻找疗法提供启示。这个观念很快就不再受人重视，"癔症"一词也从医学词典中删除了。然而，研究结果表明，人们开始怀疑催眠术，将其视为迫使人们违背意愿行事的伎俩。

23 心理学的开端

1879年，研究心理的学科——心理学，最终摆脱了神经病学的束缚。 在这一年，威廉·冯特创办了世界上第一所实验室，以调查人的心理过程。

冯特通常被称为"实验心理学之父"。他受训成为一名医生，在德国莱比锡创办了心理学实验室。他的学生很快遍布全球，也纷纷创办研究中心。心理学从来不向后看，然而，支撑冯特研究的公理不再是当今的实验心理学的基础。

冯特曾看到达尔文等人通过观察动物来揭示人类行为的奥秘。在冯特看来，所有的生命形式都存在某种精神。他说，具备心理功能的物体都具有意识，即使是像变形虫之类的简单生物体也不例外。需要说明的是，这里的"意识"指的是任何心理过程。他并不是说细菌可以像我们一样思考、做梦或者想象。

威廉·冯特职业生涯的后半程致力于研究文化对人的感觉的理解及由此产生的意识的影响。

内与外

为了研究内心体验，冯特对测量的事物进行了区分。有形原因造成的影响，如本能地眨眼，并不能揭示测试对象的精神生活，冯特将其视为外部或物理观察。他

美国心理学

1882年，约翰·霍普金斯大学设立了北美第一所心理学实验室。实验室主任是格兰维利·斯坦利·霍尔。照片中，斯坦利与他的好友在一起，如前排坐在他两侧的西格蒙德·弗洛伊德和卡尔·荣格。霍尔曾在莱比锡师从冯特。霍尔的研究兴趣在于人类心理的发展，特别是青春期心理发展（详见第60页）。

真正想要开展的是内部或"心理"观察，这就要求他记录和测量测试对象大脑中特有的想法和感觉。

自我报道

尽管哲学长期以来将世界划分为客观世界和主观世界，但是冯特的观察法为实验心理学指明了方向。他的目标是测量人类意识，他的实验试图将所有刺激（如光线的强度和颜色）标准化，因此，每次实验的唯一区别是实验对象本身。他要求实验对象从三方面来描述感觉，分别是质量、强度和"感觉基调"，也就是描述实验对象对感觉的感受。冯特说，意识是由感觉引发的。然而，他无法量化人的自由意志掌控心理和身体的方式。

24 詹姆斯-兰格情绪理论

19世纪80年代中期，两位心理学家分别独立提出了解情绪的新方法。 他们的研究兴趣在于：身体和心理反应到底哪个先出现？

美国心理学家威廉·詹姆斯和丹麦心理学家卡尔·兰格将心理过程分解为最简单的成分，以研究心理、动机和行为。在理解情绪时，他们想象出以下场景：一头身形庞大、愤怒的公牛正朝你冲过来，接下来会发生什么？你会肌肉紧绷、心跳加速、脸色发白、腹部发沉，你准备好飞快逃跑。你也会感到恐惧，把恐惧与那些身

1800—1900 年 / 47

体变化联系起来，你的精神也会紧绷起来。你只有一个想法——赶紧从公牛面前逃走。

不是常识

詹姆斯和兰格的研究兴趣在于，哪个成分是控制总体"逃跑或战斗"反应的主导因素。他们两人都对心理感知到牛才导致身体觉醒的观点不以为然。这就是最初由阿维森纳在11世纪提出的大脑功能模型所形成的"常识"方法，并且一直成为流行观点。对公牛的常识感知导致焦虑产生，焦虑接着会指导身体以适当的方式做出反应。詹姆斯和兰格采取的过程不同，尽管他们都没法证明过程。他们认为，大脑的感官向身体发出命令，身体做出行动准备，这些变化反馈至有意识的大脑，创造出一种与恐惧联系在一起的感觉。这意味着情绪反应是一种继发效应。身体按照要求行事，而大脑则假装配合。

反对观点

该观点被称为詹姆斯-兰格情绪理论，尽管该理论的两位创立者的观点并不完全一致。詹姆斯研究情绪要比兰格早几年，他认为情绪是身体变化立即引起的现象，没有明显的功能。而兰格认为，情绪是传递给意识的一个信号，表明身体正在发生变化。

并不是每个人都赞同这个理论。一些批评家指出，该理论意味着，瘫痪者将永远无法感受到自己产生的情绪。20世纪20年代，荷尔蒙在唤醒身体中的作用，也就是在"战斗或逃跑"中的肾上腺素的作用，已经为人知晓。注射了肾上腺素的测试对象很少会感到害怕。另外一对研究者沃尔特·坎农和菲利普·巴尔德提出了一个新理论，该理论认为，情绪和身体反应是由同一个刺激独立激发的。

卡尔·兰格是神经学和脊髓功能研究方面的领军人物。晚年转而研究心理学，他的另外一个理论是，抑郁症是因血液中尿酸（蛋白质新陈代谢的产物）过多导致的。这个观点一直遭到多方的批判。

啊！有个幽灵般的东西来抓你了。你有什么感觉，这种感觉最终变成怎样的了？

双因素情绪理论

双因素情绪理论由美国的斯坦利·斯坎特和杰罗姆·埃弗雷特·辛格提出，该情绪理论认为，情绪并不完全与体内的一组心理变化相关联。当出现心理变化时，人们会寻求解释。他们如果能找到一个有道理的解释，就不会有情绪反应。然而，如果找不到这样的解释，他们就会感受到符合当时情境的情绪。这两个因素共同产生情绪，二者缺一不可。双因素情绪理论是詹姆斯-兰格理论的修正版，有助于解释为何一些人有时候会出现不合时宜的情绪反应。

身体反应
↓
认知
↓
情绪

詹姆斯-兰格情绪理论涉及的另一个问题是，未清楚描述身体变化与情绪是如何关联的——在很多情况下，恐惧与喜悦有好几处相似点。在20世纪60年代，另外两名研究者斯坦利·斯坎特和杰罗姆·埃弗雷特·辛格（情绪研究项目似乎总是双人项目）提出了双因素情绪理论。该理论认为，情绪是身体唤醒和选择正确情绪反应的认知过程共同作用的结果。

沃尔特·坎农是詹姆斯-兰格情绪理论的激烈批判者。他想知道为何发烧导致的心跳加速并没有让人感到害怕。

25 大脑半球优势

19世纪80年代，特定功能已经与大脑中的特定区域连接起来。这一真相让一些人感到担心。 如果不同的区域具有不同的功能，那么到底哪个区域占主导地位呢？是道德、思想、人类大脑，还是大脑中的动物性？

罗伯特·路易斯·斯蒂文森的《化身博士》一书讲述了医生杰基尔的故事。他是位受人尊敬的医生，喝了自己配制的药剂后，化身为邪恶的海德。海德并不具备与杰基尔同样的道德，杰基尔能够通过海德来放任自己的动物冲动——除非他被发现……

1886年，小说《金银岛》的作者罗伯特·路易斯·斯蒂文森出版了《化身博士》一书。本书的主人公具有双重人格：一方面是道德、好交际的人，另一方面是残忍的恶棍。这本书的发表恰逢其时，因为它体现出了当时不断增长的不安情绪：人格受大脑相互矛盾的区域的控制。如果我们大脑中的自我控制、负责道德功能的部分受损之后，我们都会变成野蛮动物吗？公众的担忧，源于脑科学关于大脑结构和功能的研究。

自古以来，人们都认为大脑的两个半球是相互映射的。到了19世纪，人们认为，精神病是大脑两个半球不平衡造成的。大脑的某个半球受伤，会导致两个半球失去平衡。法国科学家马里奥·弗朗西斯·夏维尔·比察特甚至认为，解决这些问题的办法是，击打大脑健康的半球，以使大脑两个半球保持平衡。菲尼斯·盖奇的故事众所周知，他明显（而且通常被夸大）从一个好脾气的人变成了一个残暴粗鲁的人，这就助长了这样一种观点：每个人

据说，大脑左半球和右半球不同：左半球掌管话语和逻辑，而右半球则掌控空间意识、情绪和审美。

大脑偏侧性

左半球
- 分析性思维
- 注重细节的感知
- 有序排列
- 理性思维
- 言语
- 谨慎计划
- 数学/科学
- 逻辑
- 右侧视野
- 右侧运动技能

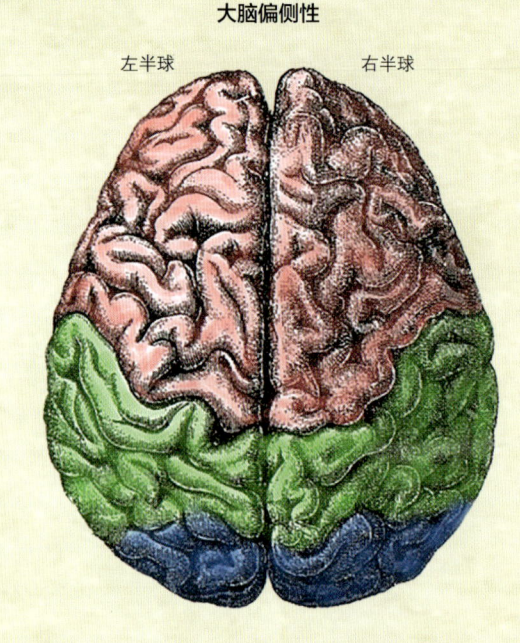

右半球
- 直觉思维
- 整体感知
- 随机排序
- 感性思维
- 非言语
- 爱冒险
- 冲动
- 创意写作/艺术
- 想象力
- 左侧视野
- 左侧运动技能

都有原始的、动物性的大脑，必须为更高等的、人类的大脑所控制。

大脑分区

1861年，法国人保罗·布洛卡已经发现了大脑左半球的言语中心（布洛卡氏区，即运动性言语中枢）。这不仅证实了大脑功能是分区的，还表明大脑左半球和右半球是不同的。布洛卡最初是反对这个观点的，但是对中风和其他大脑受伤、失语症患者的分析显示，他们损伤的往往是大脑左半球。

1874年，德国的卡尔·韦尼克发现大脑另外一个部位与某种失语症有关联。韦尼克发现的部位（韦尼克区，即大脑听觉中枢）也在大脑左半球，但是是在颞叶这个位置。布洛卡氏区受伤后，人很难说出流畅、明白易懂的话；而韦尼克所发现的部位受伤后，人虽然能够说话，但是说的话没有意义。布洛卡认为，大脑的半球与用手习惯有关系，大部分人习惯用右手，而习惯用左手的人语言区域位于大脑右半球（大约1/5习惯用左手者有这种特点）。布洛卡认为，大脑的其中一个半球会主导另一个半球。左半球成长速度比右半球快，从一开始就占据主导地位。布洛卡认为，最聪明的大脑对称性最佳（大脑半球优势概念一直没有足够的可信度）。

话语和感觉

大约在同时，英国研究者约翰·胡林思·杰克逊向人们展示，右半球受伤会导致空间意识出问题，与左半球损伤形成鲜明对比。他还发现，失语症患者仍然可以说陈词滥调和脏话，表明这是从右半球传出的情绪发声。这些证据越来越清晰地表明，大脑的功能是高度分区的。但是为了了解大脑的工作方式，人们并不需要遵循大脑的某个半球掌控另一半球这一观点。

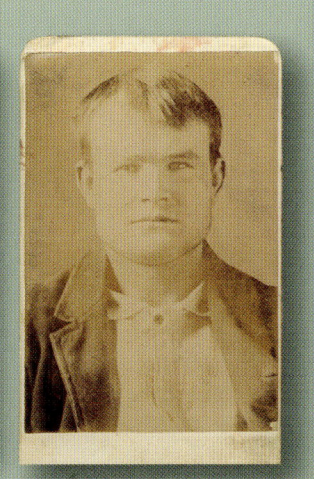

罪犯的大脑

19世纪的神经科学家研究了罪犯的大脑，以了解他们的不道德是否是大脑右半球太大导致的。如果理想的人类大脑是由左半球控制的，那么这是否意味着"不太理想的"人类大脑是由右半球控制的？意味着谋杀犯和小偷要受低等的、未开化的、冲动的大脑右半球的奴役？这就导致人们教育和"教化"大脑右半球，集中培养语言技能和进行只涉及左手的体育运动。

26 精神分析

精神分析试图用医学方法处理大脑中的希望和恐惧，特别是大脑中的希望和恐惧压垮我们，并让我们生病时更是如此。精神分析创建了描述自我的方式，形成了临床心理学的基础。奥地利医生西格蒙德·弗洛伊德创建了精神分析学。

如今，精神治疗师的诊察台也许是稀松平常之物了。但下图所示的弗洛伊德的诊察台看起来却相当舒服。人们可以从治疗师的诊察台外观出发，用全新视角看待人类的身心状况。在弗洛伊德之前，人们从宗教、经济和政治角度谈论整个社会，在他之后，增加了心理学这个维度，这种范式转移在历史上极为罕见。

尽管经过漫长的探索和错误的开端，但19世纪末形成了这一观点：一些精神病患者的大脑十分健康。唯一的解释是，这些人的疾病是由大脑里的东西造成的，他们本人甚至不知道这种情况。奥地利的西格蒙德·弗洛伊德是世界上首位精神分析师，但是精神分析却是从其他领域开启的。弗洛伊德最初是一名精神病医生。他的第一项研究是，把可卡因作为治疗病人的兴奋剂——他在接下来的很多年里都在进行这个"项目"（可卡因当时刚从可可树叶上提取出来，接着被合法化，它的有害影响当时还不为人知）。

弗洛伊德主义

弗洛伊德创造的很多词语已经成为非正式用法，包括自我、阴茎嫉妒、快乐原则、爱憎关系、肛门滞留（意思是紧张、控制欲强）和俄狄浦斯情节（根据希腊神话故事命名，俄狄浦斯爱上了自己的母亲）。弗洛伊德口误也成为一个主流术语，意思是当我们因谈到某个相关话题而发生的口误会暴露我们的潜意识（通常是关于性和暴力的）。

1885年，弗洛伊德在巴黎皮提耶萨尔佩特里尔医院的让-马丁·沙可手下工作。沙可倡导"动态损害"，也就是临时损伤大脑的非生理问题。弗洛伊德回到维也纳后的收获是：首先，精神疾病可能是心理的影响而非大脑的物理性质造成的；其次，他学会了催眠术。

谈心疗法

第二年，弗洛伊德开办了一家私人诊所，开始给病人看病。他采用了朋友约瑟夫·布罗伊尔几年前开发的技术。约瑟夫·布罗伊尔鼓励病人在被催眠的情况下谈论自身的感受，他的观点是，催眠能够缓解压抑。布罗伊尔的第一次成功治疗对象是一位化名为安娜的病人。她认为治疗方法很成功，并且将这门技术称为"谈心疗法"。这个名称一直沿用至今。接着，弗洛伊德开始形成自己的理论，这令他变得举世闻名。

搜寻潜意识

弗洛伊德认为，病人出现抑郁、焦虑、偏执狂等精神疾病，根源是大脑中存在令人不安的欲望或记忆。大脑不胜其烦，不承认得了这些疾病，并将这些疾病封锁在潜意识里。然而，这些疾病太强大了，根本藏不住，并会以不适当的方式泄露出去，导致人生病。弗洛伊德调整了谈心疗法，让病态思想无处躲藏。他想，一旦再次

弗洛伊德是临床心理学和精神病学界的杰出人物，下图为他正与女儿安娜一起散步。弗洛伊德于1939年逝世后，安娜继承了父亲的衣钵。

安娜·弗洛伊德

安娜·弗洛伊德是西格蒙德第六个、也是最小的孩子。她的第一份工作是在家乡维也纳当一名教师，但是由于身体状况欠佳，她放弃了教师这份工作，转而成为父亲的学生。1938年，犹太人弗洛伊德一家逃到英国伦敦，以逃避纳粹德国对奥地利的控制。次年，西格蒙德去世，安娜回到家乡继续开办父亲的诊所。第二次世界大战给了她机会，她将兴趣扩展到儿童心理学领域。她为战争孤儿建设房屋，是儿童精神分析界的领军人物，直到1982年去世。

碰到病态思想，它们就不会造成问题。净化大脑，或者叫精神宣泄，是个强大的工具。弗洛伊德的主要体系是采用自由联想——病人在看到言语和视觉线索后，脱口而出大脑中首先想到的事物，从而帮助他们揭示真实的感受。

皆出于大脑

弗洛伊德认为，即使是健康的大脑，也以同样的方式来运作。我们潜意识里的"本我"会压制内心最黑暗的欲望。这些欲望与我们的理性大脑，或者叫心灵相互作用，形成"自我"。自我是自我感知，是大脑的领航者。然而，还存在一个"超我"，也就是一个微弱而遥远的指挥中心，有时候介入和推翻自我。弗洛伊德认为，这就是造成精神疾病的主要原因。弗洛伊德建立理论称，受到压迫的本我是我们最初欲望及我们与父母关系的产物：男孩憎恨父母之间的结合，想要杀死父亲，迎娶母亲；同时，女孩认为自己一出生就被阉割了，因此憎恨自己的母亲。伴随她一生的"阴茎嫉妒情结"驱使她控制男人和孩子。如果你认为这个观点令人震惊，那么弗洛伊德会认为，这是因为你的自我正保护你免受真相的伤害。

27 《心理学原理》

威廉姆·詹姆斯于1884年提出情绪理论，展示了自己的成果。 1890年，他出版了一本书，巩固了自己"美国心理学之父"的地位，这本书至今仍然对心理学产生着重要影响。

威廉姆·詹姆斯是个大忙人，他既是一位美国顶尖心理学家，又是一位重要的哲学家。他帮助创立的实用主义哲学学派，为他研究人类心理提供了重要借鉴。据说，詹姆斯所创立的实用主义始于一只松鼠。一些同事想象出一个问题要求他解决。一个猎人在寻找树干上的一只松鼠，猎人围着树干转圈，而松鼠在另外一头沿着同一个方向转圈，总是刚好保持在猎人视线范围之外。问题是，猎人是围着松鼠转圈吗？詹姆斯的回答是：既是又不是。如果"转圈"指的是相对于地球围绕着松鼠转，那么答案是"是"，猎人是在转圈。如果"旋转"指的是围绕松鼠转圈（在松鼠后面、前面等），那么答案是"否"，猎人没有转圈，他们的相对位置保持不变。但是，二者的区别是什么？作为一位实用主义哲学家，詹姆斯称，有利于理解你的命题的答案就是正确答案。这种思考方式，成了詹姆斯测试心理研究真相方法的核心。

威廉姆·詹姆斯1890年原版著作《心理学原理》一直在更新，但是原版至今仍在出版中。

威廉姆·詹姆斯是意识研究的早期倡导者，他将哲学与科学研究融合在一起。

意识流

詹姆斯更喜欢将人类意识当作一个过程，认为意识的存在是为了让身体提取有用信息，从来自外部世界的感官输入流中幸存下来。他将这个过程称为"意识流"——个人思想和感觉经过大脑，聚集成可识别的有用的观点。观点形成后，不会合并，而是会引导意识流在永不枯竭的觉知河流里形成新观点。詹姆斯扩展了这个比喻，认为意识流可能包含几个不同的部分或激流，携带来自不同地方的信息。也许思考会让人筋疲力尽，詹姆斯说，有些思想是独立存在的，我们在再度接受下一个观点之前，可以在大脑中再三考虑。

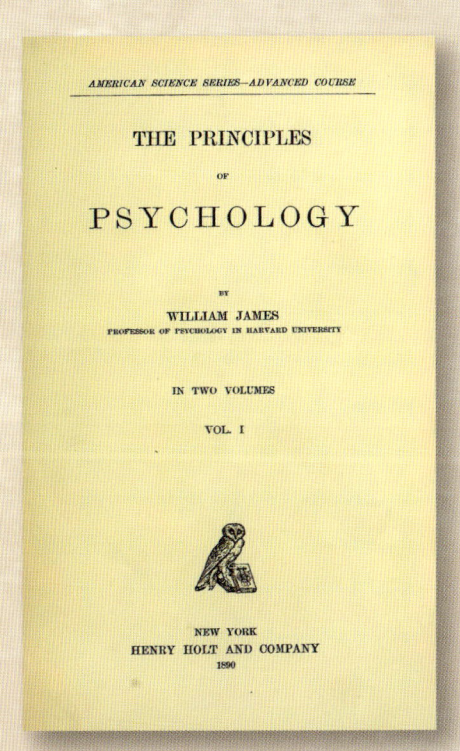

28 自主神经系统

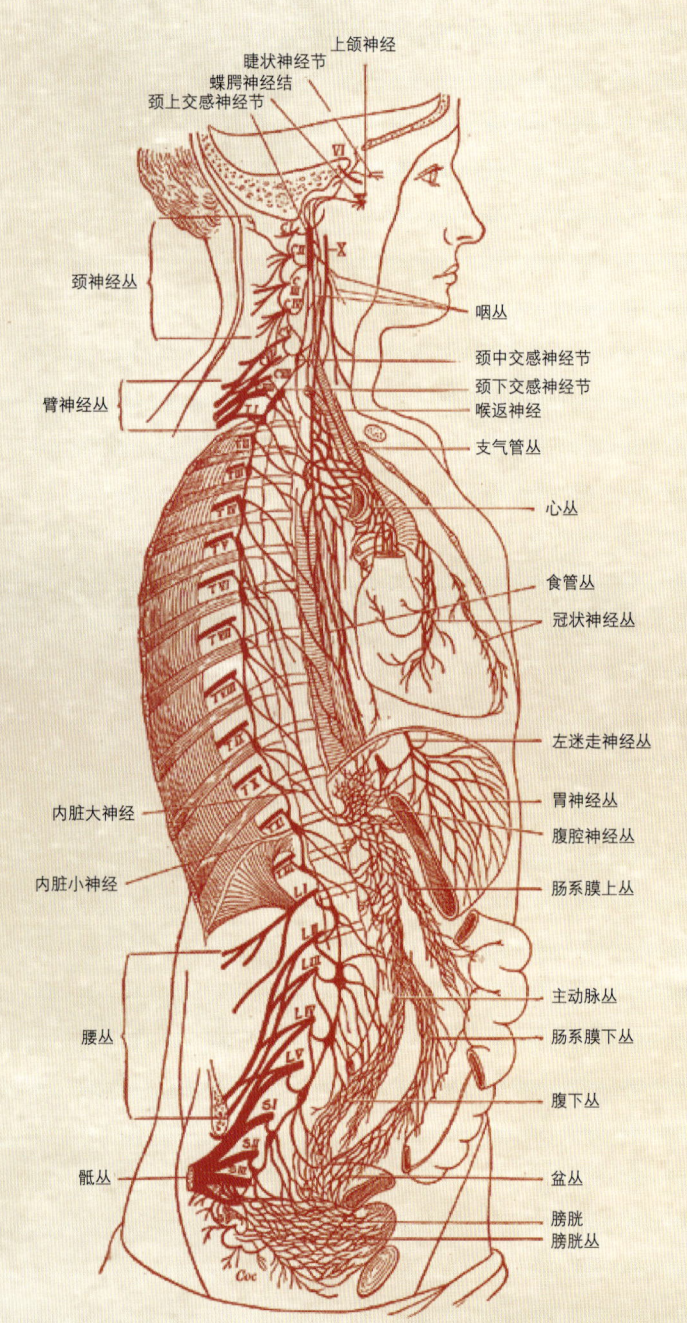

心理学家已经将注意力从有意识的大脑转向潜意识的自主活动。 1898年，心理学家发现了一个全新的、不受自动控制的神经系统。

身体不需要思考，就能进行大量工作。我们这里指的是控制呼吸和心跳，管理消化、排尿和出汗。如果我们回头看罗马医生盖伦的成果，他曾描述了神经传递可以来自各个器官，也可原路返回，并且形成遍布脊髓的神经链。盖伦认为，神经能对大脑产生"共鸣"，携带有关器官的信息。17世纪60年代，托马斯·威利斯发现，切除迷走神经会使心脏疯狂颤抖。随后，研究者发现，内脏神经也可对脸部产生影响，能控制瞳孔大小和泪腺，还能对身体其他部分产生影响。长此以往，"共鸣"神经似乎控制了身体部位，而不是向大脑汇报身体部位的状况。1845年，恩斯特·韦伯和爱德华·韦伯两兄弟发现，将迷走神经通电，能够使心跳减缓和停止；而对"共鸣"神经通电的话，心跳则会加速。

位于脊髓（身体与大脑的主要连接部位）外部的自主神经系统，是唤醒身体的核心。它能让我们放松，进入镇定、宁静的状态，还能在情形需要的情况下唤醒我们，不管我们是否需要。

1898年，英国心理学家约翰·纽波特·朗格莱为此取了个名字：自主神经系统。他的同事沃尔特·H.加斯克尔在这之前已经发现，该系统实际上是合二为一的。来自神经丛链条的共鸣神经，或者盖伦所谓的神经中枢，控制"战斗或逃跑"反应。它们让身体为突然而剧烈的活动做好准备，心跳加快，感官意识增强。而很大一部分直接跟大脑相连接的副交感神经系统的作用则恰好相反。它们会减缓呼吸和心律，通常会使身体镇定下来，为"休息和消化"做好准备。

自主神经系统控制我们的大量外部行为，使我们感觉饥饿和困倦。

29 躁郁症

如今，躁郁症患者越来越多，世界上大约有2%的人患有躁郁症。 1899年，德国精神病医生埃米尔·克兰培林将躁郁症和其他精神疾病区分开来。然而，躁郁症及其患者出现的时间更长。

据说作家弗吉尼亚·伍尔夫和画家文森特·梵·高都是躁郁症患者，后来两人都自杀身亡。据称，在娱乐和艺术界名声斐然、具有创造力的人更容易患躁郁症，从一长串患有躁郁症的名人的名单中就可以看出来。这个事实可能不容易验证，但是，躁郁症的特征是狂躁和抑郁连续发作。虽然抑郁会抑制觉醒水平，但是狂躁会将觉醒水平提升至非躁郁症患者难以达到的高度。也许，狂躁也会将创造力推向新领域。然而，我们应该提倡对躁郁症进行诊断，如果躁郁症患者没有得到治疗的话，可能会导致他们自我伤害或伤害他人。

躁郁症

"双向型障碍"这个词指的是患者体验两种相反的情绪状态，这个词诞生于

梵·高

荷兰画家文森特·梵·高因作品能够通过颜色和质地——色彩与纹理来捕捉纯粹的情绪而出名。然而，他还为人所知的一点是，他经常会出现情绪骚动，通常是由躁郁症造成的。他是这样描述自己所遇到的麻烦的："尽管我经常痛苦不堪，但我内心仍然能保持镇定、纯粹的和谐和对音乐的热爱，我即使身处最贫困的村舍、最肮脏的角落，也离不开绘画和素描，一股不可抗拒的动力驱使我的大脑去接触这些事物。"

《星空》展示了梵·高从一家精神病院向外看到的场景。

锂

钠和钾是身体（特别是神经系统）的自然成分。没有人知道真正原因，但是添加一点与钠和钾密切相关的锂，有助于控制躁郁症。锂似乎在很多方面都能起到作用，促进振奋情绪的化学成分的释放。但锂摄入过量会中毒，只有在摄入特定量的情况下才能获得正面效果。

纯锂十分活跃，因此，它经常以碳酸锂的形式出现。

20世纪50年代。克兰培林则用"躁郁症"指称这一疾病，他还指出，患者通常过着正常生活，但是会定期出现狂躁和抑郁。为了了解疾病全貌，他长期监控未经过治疗的躁郁症患者，发现除了简单的情绪起伏循环，还有很多变化。低水平的常规情绪波动已经被描述为躁郁症，克兰培林发现，这是他刚鉴定的疾病中最轻微的一种。大多数患者会出现更加严重的情绪变化，有时候会在狂躁和抑郁之间快速地切换。

情绪反应

克兰培林并不是第一个发现这些症状的人。19世纪50年代，两名法国神经病学家记录了类似的症状。朱尔斯·白拉格尔将其描述为"对偶形式精神错乱"，而让·皮埃尔·法雷特则称之为"循环精神错乱"。克兰培林指出，躁郁症在男人和女人当中同样普遍，而且猜测它具有遗传性。这一说法被后来的各种研究证实。其中一个理论是，大脑中与情绪相连接的一些部位更容易被激活。这可能会导致过度激活，特别是在有压力的情况下，反过来会使得大脑更容易受情绪变化的影响。另一个可能的原因是，神经细胞中的钠离子通道出现周期性变化。当变化太慢时，就会出现抑郁；当变化太快时，就会导致狂躁。

30 解离症

19世纪90年代，弗洛伊德提出了自己的理论，在此之前很久，精神病理论就已经包含潜意识了。19世纪90年代之后不久，法国神经病医生皮埃尔·简内特开始研究解离症，也就是整个自我都被潜意识吞没的病症。

19世纪早期，德国哲学家约翰·弗里德里希·赫尔巴特就已经思考过思想和感觉相互战斗、在有意识大脑中争夺一席之地的问题。他认为，敌对观点相互排斥，更强势的想法会迫使弱势想法进入潜意识。接下来，与弗洛伊德同时代的皮埃尔·简内特在巴黎学习期间，将潜意识与被压抑的创伤记忆联系起来，以描述解离症这种精神疾病。

当意识逐渐模糊，有时候完全消失时，就会出现解离症，而人则继续表现出病态感觉。在极端情况下，患者似乎呈现出多重人格，在被简内特催眠的情况下尤其如此。简内特认为，当潜意识记忆接管大脑后，就会出现解离症。患者可能会意识到自己的感觉，特别是消极情绪，但是无法解释为何会出现这些感觉。弗洛伊德赞同简内特的观点，并将解离症描述为一种保护我们免受过去恐惧伤害的防御机制。

皮埃尔·简内特对西格蒙德·弗洛伊德一些更著名的理论产生了重大影响。

31 青少年

青少年是从童年时期过渡到成熟时期的阶段。20世纪是属于"青少年"的时代。 因为在1904年,一位具有影响力的美国心理学家提出了自己多年来对青少年研究的发现。

斯坦利·霍尔是首位在美国创建实验室的实验心理学家。他选择了一类特别复杂的研究对象:青少年。将青少年定义为童年时期和成熟时期的过渡阶段的观念才刚刚被接受——在很多文化当中,人们通常在15岁进入成年期——霍尔将其描述为一段困难时期。霍尔早年当过教师,因此,他对研究对象十分熟悉。他认为青少年时期是脑海里会出现对立观念的时期。青少年开始搜索新的感觉,被之前一成不变的生活激怒。然而,他们也高度自觉,相互挑剔,因为他们的推理能力增强,能像成年人一样进行推理。霍尔表示,结果就是,青少年容易受负面情绪的影响,抑郁症和犯罪行为更加常见,但是在他们二十岁出头的时候,这种情况又会逐渐减少。

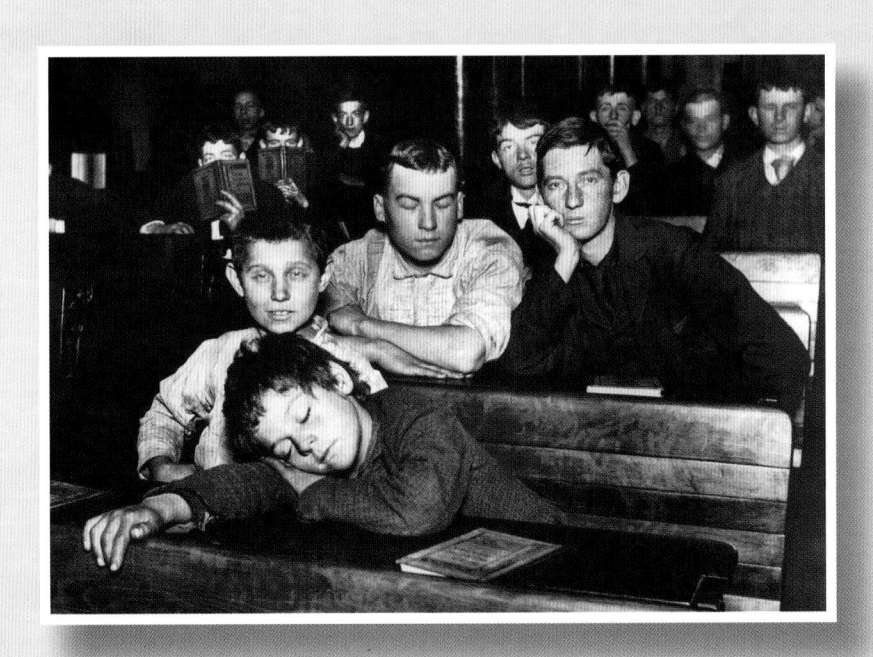

青少年时期是叛逆期,同时伴随着焦虑和厌倦。

32 巴甫洛夫的狗

著名实验巴甫洛夫的狗（关于狗的唾液条件反射实验）是人类首次系统研究动物学习，延伸开来，也是首次研究人类学习。然而，与许多最佳发现一样，巴甫洛夫的开创性研究也是无意中进行的。

俄国生理学家伊万·彼得罗维奇·巴甫洛夫刚开始并不是一位行为主义者——研究动物行为原因的人，而是研究动物消化的专家。1904年，他因为在迷走神经研究中的突出贡献获得了诺贝尔生理学或医学奖。自主神经系统中的重要连接不仅能调节大脑对心跳的控制，还能控制消化液流入胃部，并且还参与了其他重要机能。巴甫洛夫研究了狗的消化系统，科学地测量了狗在看到食物后产生的唾液量。一天，他发现，在助理进入房间后，还没开始喂食，狗还没看到食物的时候，就开始产生唾液。这引起了巴甫洛夫的兴趣，他认为，狗并不能有意识地分泌过量的唾液。然而，狗明显学会了预见食物。

效果律

大约在巴甫洛夫戏弄狗的同时，美国研究者爱德华·桑代克正在用锁在迷笼里的猫研究行为。这些迷笼装有各种机械装置——按钮、杠杆、线圈和细绳等，其中一个能打开迷笼的门，让饥饿的猫吃到食物。猫会胡乱移动每个机械装置，直到门偶然被打开。猫接着一次又一次被关在迷笼里，猫再次逃出笼子，一次比一次快。猫学会了使用正确的机械装置，忽视所有无用的机械装置。即使迷笼被重新配置，具有不同的逃跑机制，结果也是如此。猫不断重复试验，学会了如何一次又一次逃出迷笼。桑代克将该发现命名为效果律，也就是产生有用效果的动作每次都可能有同样效果。这种刺激与反应之间的简单关系，奠定了行为心理学的基础。

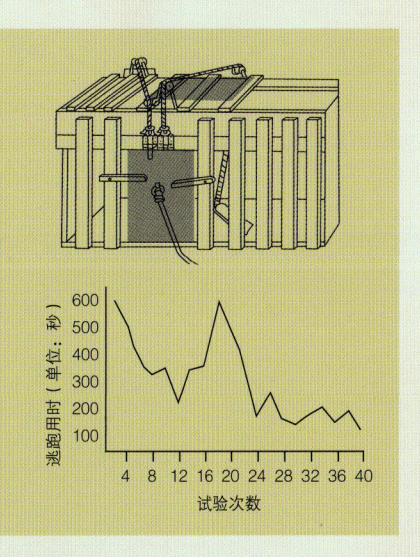

条件反射和有条件的反应

巴甫洛夫推断,狗看到食物后受刺激分泌唾液是本能反应,或者说是大脑基本固定的能力。他将这种情形称为无条件反射。然而,狗一看到他的助手,就产生唾液,这是习得行为,也就是条件反射。狗已经知道,研究者一旦出现,食物就会马上出现。

在接下来的20年,巴甫洛夫致力于研究狗的这种反应。在他的一项经典实验中,他用一个铃铛作为中性刺激(该刺激最初没有回应)。铃铛发出信号,表示食物就要到来了,狗学会了在听到声音后就分泌唾液。只有在食物马上准备好的情况下,狗的习得反应才会起作用。然而,条件反射也可能不是习得的。如果狗知道铃铛响不再表示食物出现,那么在铃铛响的时候,狗就不再产生唾液。巴甫洛夫还使用蜂鸣器、发出滴答声的节拍器,甚至是电击来训练狗。他的研究表明,所有的行为都是对奖赏或惩罚的先天条件反射或者习得反应。行为主义者研究条件行为,但是也承认遗传的作用。与此相反,激进的行为主义者认为,所有的行为都可以通过条件反射来解释。

巴甫洛夫本有可能在某个领域成为世界领军人物,后来他取得了新的突破,如今为人们所铭记。他的狗面前有一碗食物,但是狗没法马上吃食物。狗产生的唾液接着用系在下巴上的管子收集起来。

33 精神分裂症

1911年，尤金·布鲁勒描述了一种新的精神病，他称之为精神分裂症，意思是"分裂的精神"。该名称当时用于定义大众想象力失调，但是在那之后，这一观点就被修正了。

布鲁勒在几年前就已经引进了这个新术语，但是在1911年，他对与该疾病相关联的失调进行了全面的描述。他想用该术语来代替早发性痴呆，也就是埃米尔·克兰培林和其他精神病学家10年前所讨论过的疾病。早发性痴呆的意思是"不成熟的痴呆"，指的是青少年晚期和20岁出头出现的精神疾病。

许多人认为，精神分裂症患者的心理分裂出两种人格。实际上，它指的是心理脱节，很难辨别真实与想象。布鲁勒意识到，对于精神分裂症患者而言，听觉和视觉方面的幻觉都是真实的。精神分裂症患者感到困惑、健忘、难以组织语言，说话变得语无伦次、冗长含糊。

精神分裂症早期研究者尤金·布鲁勒。

英国画家路易斯·韦恩从1880年至1939年绘制了以下画作，这些作品画的都是猫。有时候，人们认为这些画作显示了韦恩精神分裂症的恶化过程。然而，这一理论存在争议，因为我们不知道绘制这些画作的顺序。

太多，太少

精神分裂症症状分为阳性和阴性。阳性的精神分裂症患者能听到甚至品尝到正常人在相同情形下感受不到的事物，这会导致妄想——想象自己是谁，正在发生什么事情。他们还有一个常见的症状是偏执，患者总感觉有一股看不见的力量在监控自己。阴性症状表现为冷漠、缺乏情绪，或者缺乏维持友谊的愿望。在极端情况下，精神分裂症患者可以出现紧张性精神症，要么不动，要么一直重复相同的动作。精神分裂症会遗传，并且通常在刚成年时出现。据报道，患者大脑中控制记忆力、注意力和理解力的某些部分不够活跃。患者似乎对控制大脑神经网络的一些化学物质更加敏感。不论这是否是造成精神分裂症的原因，大多数治疗手段都试图纠正这种敏感性。

34 荣格的原型理论

卡尔·荣格是西格蒙德·弗洛伊德的门生，弗洛伊德的研究集中在个人，而荣格则想更深入地探索潜意识。荣格提出理论，认为大脑这一不透明的部位实际上根植于将我们所有人联系起来的集体记忆中。

1907年，弗洛伊德开始教导荣格，不久之后，荣格就成长为一名与导师旗鼓相当的精神分析学家。然而，两人对大脑或者潜意识的看法并不相同。弗洛伊德此前曾提出假设，认为所有大脑都是被一套潜意识动机驱使的。这些原始冲动有助于人类生存，了解这些原始冲动，对于了解人格及消除精神疾病机能障碍起到了主要作用。荣格发展了这一理念，他指出，各个社会尽管存在许多文化差异，但都以相似的方式运行。不同文化中的大量神话故事，通常讲的都是同样的事物——英雄、怪物和救世主等。这就形成了荣格的主要假设：神话故事是人类的集体记忆，将我们与

卡尔·荣格还提出"人格面具"这一概念。他将"人格面具"描述为每个人都会戴的一种面具，只展现个性中的某一部分，以留下最好印象，并隐藏本真的自我。

祖先联系在一起，潜意识受到这些神话故事的影响。荣格将这种现象称为"集体潜意识"，表面看来，这个术语似乎表明，所有的大脑之间存在某种超自然连接。然而，荣格采用的是比喻性的定义。集体潜意识来自神话故事，神话故事赋予我们一套无法直接拥有的体验，这些原始观念影响了我们的意识。

原型

荣格将神话故事中的人物称为原型。这些原型类似英国经典纸牌游戏 Happy Families（神话版）和塔罗牌中的角色。荣格的确经常提到几个重要的原型，这些原型包括许多故事的中心角色——英雄、无辜者、母亲和骗子，加上一些重要的观念，如死亡、创造和启示。荣格也使用比喻来分析潜意识的不同作用。他的一些观念受到起源于15世纪的塔罗牌的影响。荣格认为，这些符号本身就是集体潜意识的产物。

35 自卑情结

如今，"自卑情结"这一术语在讲话中屡见不鲜，通常用来形容那些出现因缺乏自我价值而过度补偿表现的人。这个术语是阿尔弗雷德·阿德勒于1912年发明的，最初用来描述另一种情况。

最初一批精神分析师关注的是潜意识，他们的推理是这样的：病人无法解释自身的苦恼情绪，因此，这些情绪一定不是来自有意识的大脑。阿尔弗雷德·阿德勒认为，这还不足以解释有问题的人格，尤其是那些被嫉妒和自卑等负面情绪困扰的人格。他认为，整个家庭和社会的环境因素也在塑造心理时起到了一定的作用，这些因素并非潜在的。这一见解导致阿德勒于1911年与弗洛伊德学派决裂，开始创建一种新的心理疗法。

自我感知

阿德勒集中研究：人们看待自己的方式会如何塑造人格。他用自己对残疾人的研究来阐述这一问题。两个具有相似残疾的人并不一定具备相同的人生观。其中一个人可能会受到驱使，掌控和克服身体的局限性，阿德勒将这一过程称为补偿。然而，另一个人在面对残疾时，可能会感到无能为力，变得沮丧。阿德勒推断，之所以会出现不同的结果，是因为他们对自己有不同的看法，一人感到自己很强大，另一人感到自己无能为力。前者自尊心很强，而后者则不具备强大的自尊心。

阿德勒认为，自尊心方面的差异要从儿童时期说起。儿童天生不如（正当地）控制自己的照护者，儿童慢慢长大后，会试图表现得更加强大，他们在遇见和克服每个新挑战后，自卑感将逐渐消失。阿德勒感兴趣的是那些身体虚弱、父母控制欲强、从未真正克服自卑感的人。他们具有自卑情结，自卑感带来负面情绪，使他们不敢应对生活中的挑战。

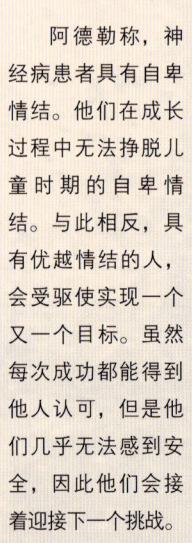

阿德勒称，神经病患者具有自卑情结。他们在成长过程中无法挣脱儿童时期的自卑情结。与此相反，具有优越情结的人，会受驱使实现一个又一个目标。虽然每次成功都能得到他人认可，但是他们几乎无法感到安全，因此他们会接着迎接下一个挑战。

1900—1950 年 / 67

36 心理剧疗法

雅各布·莫雷诺不赞成精神分析师利用人造的舒适诊察台治疗病人，于是开发了一种全新的方式来深入研究病人出现的问题。

雅各布·莫雷诺出生于罗马尼亚，曾移居到维也纳学习医学，后来又移居到美国。

这次事件过去几十年后，雅各布·莫雷诺在自传中记述了自己在1912年与西格蒙德·弗洛伊德的一次会面。莫雷诺在听了弗洛伊德的一次讲演后，得到了一次发言的机会，据传闻，他是这样说的："弗洛伊德先生，我接着您刚才的演讲说下去，您是在您人工设置的办公室里与病人会面的，而我则在大街上、在他们的家里、在自然环境中与病人见面；您分析他们的梦境，而我让他们鼓起勇气再去做梦；您分析梦境，将梦境拆散，而我则让梦境表演他们内心冲突的角色，帮助他们恢复梦境。"当时，莫雷诺还是个医学生，但已经在研究集体心理治疗的疗效。所谓集体心理治疗，就是创造一个情境，让病人自发地自由表达内心的真实感受。

莫雷诺的心理剧疗法线索来自表演技巧。

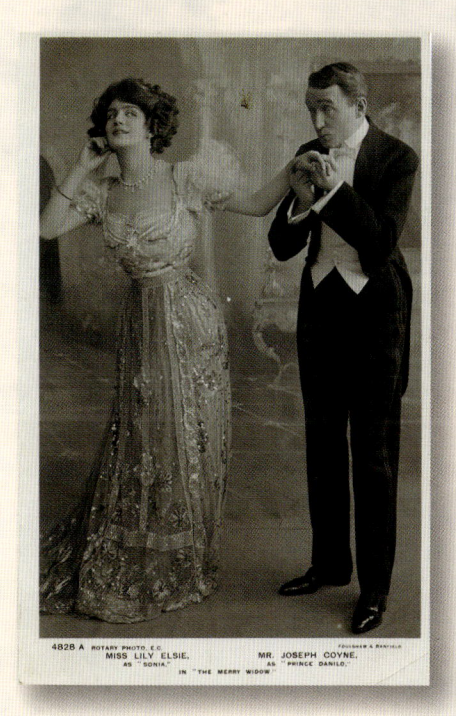

表演戏剧

莫雷诺将这一技术称为心理剧疗法，很大程度上取自戏剧。病人被称为主角，与一群其他演员登上舞台，在莫雷诺的指导下表演——莫雷诺作为指引疗法的导演。每部心理剧持续好几个小时，莫雷诺会让演员以不同的方式互动，并运用多种方法来解释主角内心的冲突。例如，在镜像法

社会网络

20世纪20至30年代，雅各布·莫雷诺的研究兴趣转移至社会团体结构。他用以下社会关系网图（如今经常被称为友谊图）来描述一个人的家人和朋友。这个简单的图形显示谁与谁相互认识，并且揭示了网络中人们孤立或出名（也许受欢迎，也许不受欢迎）的点。

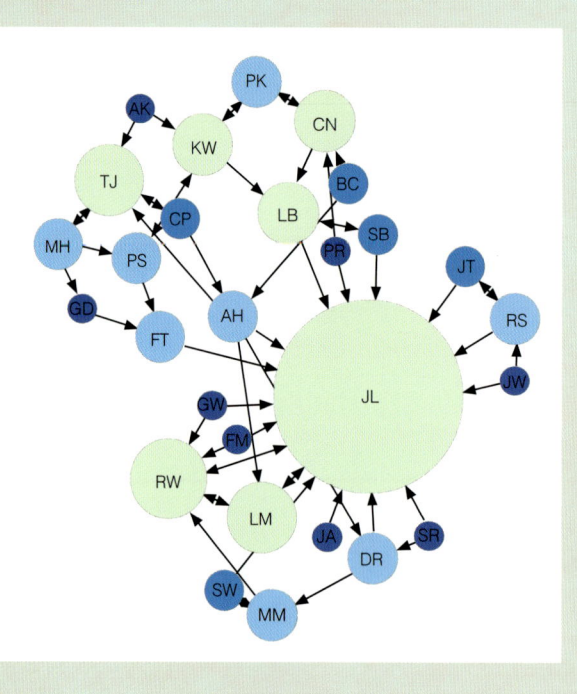

中，病人表演自己的一次经历，接着看另外一名演员重复这个场景，并效仿他们的动作。其他的方法还包括翻版，也就是演员说出自己认为的主角内心的想法，进行角色表演、角色互换和独白（主角单独发言）。心理剧从未流行起来，尽管它的形式结构已成为当今集体治疗的基础之一。它有一个更通俗的版本，称为戏剧疗法。

37 智 商

弗朗西斯·高尔顿曾试图寻找智力的物理信号，却以失败告终。 法国研究者阿尔弗雷德·比奈设计了一项测试，用于测试智力，试图去除教育的影响。这项测试测的就是所谓的智商。

门萨

在智商测验中得分处于前2%的人有资格加入一家聪明人俱乐部——门萨。门萨在全世界仅有121000名成员，如果按世界人口数量来算，大多数有资格者并没有加入门萨。门萨的一些年轻成员比年长成员更加聪明，因为人们似乎变得越来越聪明。智商测验必须经常更新，以维持100的平均分。

智力商数，简称智商，是心理学中最精确的测量。与自然科学相比，心理学很难精确测量心理过程，测量不够精确的话，就很难进行比较、对比、关联，无法确切说明自己的发现。然而，在这里，智商是个"异类"。例如，与智商较低的人相比，具备高智商的人收入和社会地位往往

更高，身体和心理健康状况也更好。（然而，也有很多具备高智商的人出于其他原因表现得不够优秀。一般看来，具有高智商的人并不总是需要变得"聪明"。此外，他们不太可能比其他人"更聪明"。）

测量什么？

凭直觉，智力与高社会地位之间似乎存在关联。的确，在19世纪90年代心理学出现的早期，成就被当作一种测量智力的方法，简单而纯粹。当时，在世界领先的神经系统科学中心巴黎萨伯特医院，一名显然很聪明的大脑研究者并没有取得多少成就。他的名字叫阿尔弗雷德·比奈。他的大多数实验都有致命缺陷，他显得力不从心。比奈接着开始一个项目，测量索邦大学聪明学生的头骨。在10年时间里，测量结果令他困惑：最聪明的学生头部并不比其他学生大——这与当时的主流观点相背离。比奈想要找到一种量化智力的方法，因此为儿童设计了一项测试，以显示班级里的哪些学生可能取得好成绩，哪些可能成绩不好。这些测验包含的是实际的日常问题，如计算零钱或识别形状。测验故意忽视了阅读和写作技能。比奈与西奥多·西蒙一同为青少年和成年人开发了更多的测验。

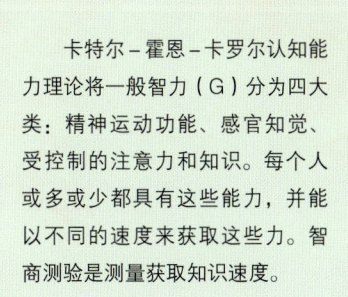

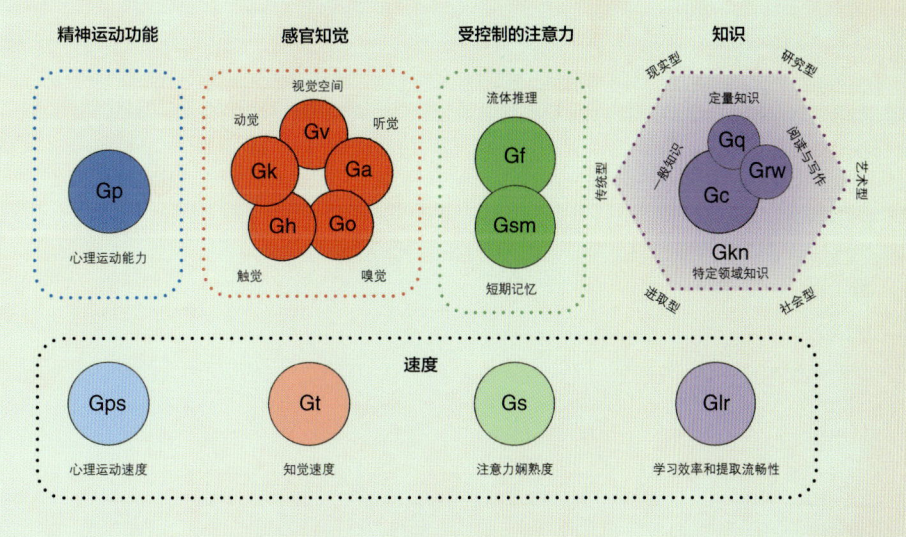

智商测验与其他测验不同。这道题选自比奈和西蒙于1908年设计的智商测验。参加测试的儿童被问道："两张脸中，哪一张更漂亮？"

卡特尔–霍恩–卡罗尔认知能力理论将一般智力（G）分为四大类：精神运动功能、感官知觉、受控制的注意力和知识。每个人或多或少都具有这些能力，并能以不同的速度来获取这些力。智商测验是测量获取知识速度。

参加测验

智商测验经过精心设计，测验结果呈正态分布，或者说钟形曲线。大多数人能得到100分，分数越高表示智力越高，分数越低表示智力越低。只有很少人的得分处于量表的两端。与比奈早期智力测验版本相似，测验问题注重非语言推理，如右侧问题所示。

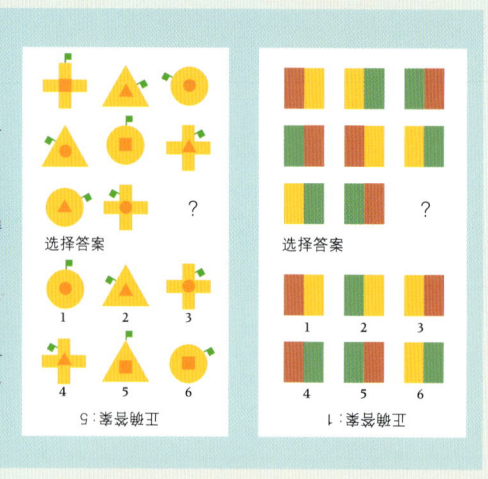

测验问题由简单变困难，设计者认为每个年龄段都只有一半人能答对每道题。因此，测验中人们开始答错的地方，就被称为他们的"心理年龄"。心理年龄可能比生理年龄高或者低。1916年，查尔斯·斯皮尔曼为斯坦福大学设计了一门英语语言测验。他重新组织了评分系统，将一个具有平均智力（他们的心理年龄与生理年龄相匹配）的人的智商分数定为100。该体系被称为斯坦福–比奈智力量表，如今在各类智商测验中占据主导地位。

38 猿的智力

心理学在人类与动物之间画了一条无形的界限。只有人类才具备抽象推理的能力，或者至少我们是这样认为的。1917年，沃尔夫冈·科勒却有着不同的想法，至少在我们最近的近亲黑猩猩身上是如此。

黑猩猩运用自己的知识和经验来解决问题。这听起来很熟悉吗？

1913年，科勒被任命为普鲁士科学院猩猩研究站站长。他前往热带岛屿特纳利夫，立即被困住了，躲过了整个"第一次世界大战"。他好好利用了这段时间，观察他精心照料的黑猩猩，并让它们解谜题。经过多年的观察，科勒得出结论：黑猩猩并不像桑代克的效果律规定的那样完全靠不断摸索来学习。科勒反而确信，黑猩猩是通过在大脑里回想一系列情境来思考问题的——大多数时候是在想如何拿到藏在难以够到的地方的食物。黑猩猩通过这种方法来选择一个可能成功的方案，最终能够更快地解决谜题。

39 格式塔运动

柏林的实验心理学学派发明了一种理解心理的新方式。 20世纪20年代，该方式被称为格式塔心理学。格式塔心理学认为，存在一种全新的感知和理解世界的方式。

科特·考夫卡是格式塔心理学的创始人之一。他试图用简洁的警句来总结格式塔心理学："总体不等于部分之和。"这对他的想法并没有帮助，这一观点自此之后又有了另一个变体："整体大于部分之和。"考夫卡的声明是特别具体的，"部分"指的是进入意识的独立感知和感觉。部分结合在一起，成为不同的事物，一个单独的精神实体。第二种说法应用范围更广，它表明感知膨胀，成为比原来更大、更广、更好的东西。这种观点对于格式塔心理学是无益的。

连接大脑

神经系统科学使大脑被视为一系列专注于特定任务的、相对独立但相互连接的部件，格式塔心理学就是对这些发现的反应。从本质上看，这些发现是在创建一个整体大脑模型，大脑是这些新部件的总体。问题是，没有一个突破告诉心理学家，大脑实际上到底是如何运作以创建我们的认知的。也许大脑不仅是部分的集合？

众所周知，大脑的某些部分接受身体和整个世界的输入。这些输入在另外一个区域进行加工，作为回应，控制中心接着向身体发送命令。然而，考夫卡和柏林的同事马科斯·韦特墨发现这过于简单化了，特别是在涉及高等的知觉和认知功能时

这三个图像包含的信息很少，但是你的大脑会添加空间信息，为每个图像构建一个更加复杂的整体。

更是如此。他们认为，单一的知觉不足以描述整个形式，或者德语中所谓的世界的格式塔。例如，感知三角形，并不是首先依次看三条线，接着检查它们是否首尾相连。"三角形"这一概念存在大脑中，独立于对线条的感知。类似地，音乐或语言并不是以依次将声音相加的形式被感知的。

更大的场景

格式塔思维很难用简单的实验来测试。根据定义，精神和身体的所有方面都涉及格式塔认知，实验室的巧妙设计会阻碍认知。格式塔心理学家反而更喜欢在自然场景下测试观点。20世纪50年代，格式塔疗法出现，它实际上与格式塔心理学几乎没有关系。

1922年，沃尔夫冈·科勒接管了柏林心理学院及实验室。从此，该学院的工作成果就是人们所熟知的"格式塔"。

作为整体的认知

你在图里看到的是什么？你许久没看到过形状的大脑很快就会感知到这个图像的主题，尽管该图像只不过是白色背景上的一些黑色斑点。就像格式塔心理学所描述的那样，整体看来，图像是狗的形状，只有在靠近看之后，你才能挑选出组成形状的黑色斑点。这阐明了格式塔的浮现原则。其他原则还包括多重稳定性，该原则在光学错觉中起作用，像内克尔立方体或鲁宾花瓶，人的知觉会从一件物品转移到另外一件物品。

由101个斑点（大概吧，谁会去数呢）组成的斑点狗。

40 小艾伯特实验

仅凭大脑想象，我们对自身能有多少了解呢？我们反而应该用可靠的实验证据来了解自己。1920年，两名美国研究者开始进行这类实验，他们想让一名婴儿患上恐惧症！

约翰·布罗德斯·华生被父亲遗弃，被母亲严重忽视。他想找到更好的办法抚养孩子，提倡采用行为主义方法来塑造儿童的情绪。他还警告大家，不要向儿童表现出任何感情。

雷纳在实验中观察小艾伯特。这名男孩的真实身份从未被披露。然而，2010年的一项实验表明，他就是威廉·巴杰尔，他于2007年逝世，享年78岁。他过完了幸福的一生，尽管他一生都厌恶动物。

上文提到的研究者是罗莎莉·雷纳和约翰·华生。如今，他们两人因为采用不道德的方法进行实验而受到科学界的鄙视。然而，华生和雷纳想知道人类（以及动物）是如何学会对危险的事物感到害怕的。将老鼠、狗或猫装在笼子里进行实验还不够，因此，他们就找了一名9个月大的婴儿，并恐吓他！

这名婴儿叫艾伯特，据说是一位大学工人的孩子（这位工人后来声称自己并不完全了解实验的内容）。沃森之所以选择这位婴儿，是因为他看起来反应迟钝、不易动感情，这一点在实验的第一部分得到了证明。一旦艾伯特能够支撑自己的体重坐起来时，他就被随意地放在一块床垫上，接触他从未见过的

一系列新奇体验，如猴子、兔子、燃烧的纸和扭曲的面具。在短暂的接触中，他没有展现出情绪（或特别的兴趣）。接下来，实验者让他看一只老鼠，同时用锤子击打重重的钢筋棒，发出巨响。艾伯特一点也不喜欢这种声音，学会了将老鼠跟噪声联系在一起。很快，他一看到老鼠就开始大哭，想要逃跑，尽管并没有噪声。这是一种条件反射，就跟巴甫洛夫和他的狗一样。然而，艾伯特对老鼠的恐惧转移到了任何带毛发的事物甚至是羊皮大衣身上。华生记录下这些反应，并且继续进行了至少一个月实验。此后，艾伯特被他的母亲带走，拒绝后续的一切实验计划。华生接着进行实验，成为一名"育儿专家"。

41 罗夏克墨迹测验

请看右页的这个形状。不要惊慌，你给出的答案将为了解你受压抑的潜意识提供深刻洞察，至少理论上如此。墨迹测验或者叫罗夏克测验是心理学界最著名的测验之一，但是，它真的能为我们揭示一些真相吗？

罗夏克测验图像尽管什么都不是，但是立即就能识别。这门绘制斑点图片的艺术就叫墨迹艺术，赫曼·罗夏克上学期间仅将它作为一项爱好。最后，墨迹却成了他对心理分析的贡献。1921年，他正式提出墨迹测验，将其作为测验精神分裂症的方法。墨迹用于揭示精神分裂症患者大脑中的混乱思想。然而，罗夏克不幸于翌年逝世，而测验仍然以他的名字命名。在20世纪，罗夏克测验的运用范围得到了极大的拓展，成为搜寻潜意识想法的普遍方法。然而，近年来，这项测验的功效遭到了质疑。

一个开放性问题

罗夏克测验本来是用于测验人格和揭示隐藏的想法和情绪的。它是一项投射测罗夏克通过将滴有墨水的纸张对折形成墨迹，因为这样的话，一定会形成一个对称而抽象的形状，看起来不像任何事物。然而，布鲁斯·韦恩（蝙蝠侠）肯定一眼就能认出这个墨迹。

验，刺激物（墨迹）是模糊的，病人因此可以做出任何反应。接着，临床医生会分析反应的内容及做出反应所花费的时间。但是，实验心理学家更喜欢客观测验，也就是让被试从几个选项中选择答案，从而可以与通用基准线进行比较。结果，很多心理学家对罗夏克测验持怀疑态度。他们表示，测验既没有明确的目的，又与诊断病情没有关联。墨迹图案极少更新，因此，人们会熟悉这些图案，在最理想的情况下，结果分析就成了一项猜测。评论家表示，精神分析师要想解释某个反应，就必须首先对墨迹所代表的意义形成自己的看法，因此，最坏的情况只不过是他们用自己的偏见看待病人罢了。

42 发展心理学

我们可能会认为，小孩跟成年人具有同样的思维方式，只是没有成年人见识多——他们只不过没有那么久的时间学习罢了。但是，让·皮亚杰却完全不同意这一观点。

皮亚杰不认可"儿童是小号的成人"这一看法。因此，他开始研究儿童的大脑是如何发展的，并在1928年的著作《儿童的判断与推理》一书中发表了研究结果。

在本书中，皮亚杰提出，儿童发展分为四个阶段，每个阶段都有特定的思维方式。第一阶段是从出生到2岁，皮亚杰将这一阶段称为感知运动阶段，因为在这个阶段，婴儿通过感觉和运动建立了整个世界的图像。每个父母都能证明，在这一阶段的儿童只能以自己的看法来看待整个世界。2岁到7岁是前运算阶段。在这个阶段，儿童的兴趣在于以物体的表象和物体对比来描述物体。第三个阶段是具体运算阶段，从7岁到11岁。在这个阶段，儿童能够集中精力解决认知谜题，但是大多数谜题都聚焦真实（具体）事物。一项有名的测验是，将一个高而窄的玻璃杯里的水倒进一个粗口玻璃杯里，问儿童哪个玻璃杯的水更多。很明显，两个玻璃杯里的水一样多。最后一个阶段大约从11岁开始，叫形式运算阶段。在这个阶段，儿童能够像成年人一样，用抽象术语进行推论，尽管他们要花一些时间学习才能掌握。

皮亚杰的认知发展理论认为，人类思维方式发展分为四个阶段。尽管后来的研究者质疑理论的细节和过程，但是他们对理论的中心思想几乎不存在争议。

感知运动阶段 　　　　前运算阶段 　　　　具体运算阶段 　　　　形式运算阶段

43 印记

动物行为学家康拉德·洛伦兹发现，看起来像是学习行为的并不总是学习行为。

洛伦兹并不是心理学家，而是动物行为学家。动物行为学研究的主要是野生动物的行为，在生命刚开始阶段出现的重要行为能帮助揭示哪些是学习过程，哪些不是。这里所说的行为，指的是印记，或者叫依恋原则。印记能够使年幼的动物识别父母的特征，据说这些特征会印记在年幼动物的脑海里。英国生物学家道格拉斯·斯波尔丁于19世纪70年代在鸡群中发现了印记，他是最早研究动物行为的人之一。直到奥斯卡·海因洛特在20世纪初发现斯波尔丁所做的实验，这些实验才为人所知。在斯波尔丁和海因洛特的基础之上，1935年，奥地利动物学家洛伦兹发表了自己的第一份对幼鹅印记的科学研究结果。洛伦兹发现，刚出生的幼鹅本能地与自己看到的第一个移动的物体建立起感情纽带。尽管大多数幼鹅会与自己的父母建

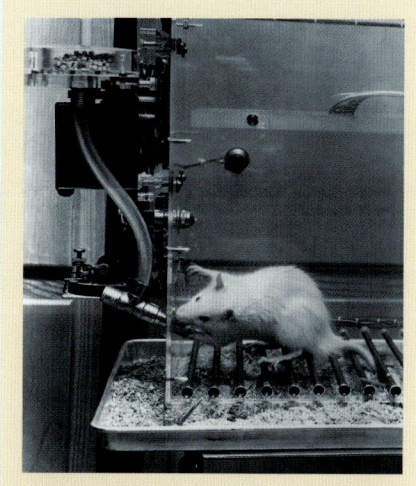

在弗朗茨和拉什利的实验中，老鼠并不能轻易走出迷宫——同时，它们也并没有完全忘记迷宫。

搜寻记忆

20世纪20年代，两名美国研究者开始研究大脑在受到损害的情况下会如何重组。他们是听说了大脑受损后重新恢复的故事而受到启发的。尽管在当时，与运动、语言和感觉相连接的大脑区域已经被发现，但是大脑中的记忆或智力区域尚未被找到。大多数评论员认为，这些功能是由额叶控制的，并且给出证据，大脑额叶受损会导致记忆丧失和智力下降。然而，谢波德·弗朗茨认为情况没有那么简单。他与卡尔·拉什利一道搜寻大脑的记忆库。拉什利训练老鼠走出迷宫，接着将老鼠送到弗朗茨那里。弗朗茨会将老鼠的额叶切除，然后还给拉什利。大脑受损的老鼠记不住如何走出迷宫，但是能重新学习认识迷宫路线。他们在1929年提出两个新观点。第一个观点是等势，即大脑的健康部位能够接管另一个受损部位。第二个观点是整体作用对第一个观点形成限制。整体作用表明，大脑重新学习丢失技能的能力与大脑受损的程度成反比。

立纽带，但是在洛伦兹的实验中，幼鹅也有可能印记洛伦兹本人。洛伦兹发现，幼鹅在出生后16个小时内会印记，在此之后，这个过程就不再出现。洛伦兹还发现，幼鹅会印记无生命的物体，包括围绕铁轨来回转的玩具火车。

不是学习

年幼的动物一旦印记了，就不会印记其他任何事物，永远不会忘记自己的"父母"。这就意味着，印记是不同于学习的过程，学习是可以修正的。此外，印记过程在几分钟内就会完成，不像巴甫洛夫及其他人描述的那种设定条件的学习——至少要求在很多天内多次接触刺激物。洛伦兹得出结论，认为印记是天生、本能的过程，遵循他所谓的"固定动作模式"。该模式与身体性状一样，都是遗传的结果。而动物所学习和遗忘的，完全是它们经历的结果。

44 斯特鲁普效应

斯特鲁普效应一半是聚会游戏，另一半是心理测验，它测试的是反应时长。问题是，纸面上看起来简单的任务，结果却比你预期的要困难得多。该效应强调的是，有时候，集中注意力实在是太难了。

不出所料，斯特鲁普效应是以约翰·雷德利·斯特鲁普的名字命名的。斯特鲁普是一位心理学家，大半辈子生活在美国田纳西州。1935年，他描述了这个效应，并设计了一项测验。尽管同样的效应在一篇德国学术论文中也提到了，但是几乎没引起注意，人们记住的还是斯特鲁普。斯特鲁普效应说起来十分简单：当某种颜色的名称（例如红色）用不是这种颜色的墨水写出来，那么人们正确读出这个名称、说出墨水的颜色所花费的时间会更长。

如果所有的词语都用同样的中性色（例如黑色），或者用与词语所表示的相同

| 绿色 | 红色 | 蓝色 | 紫色 | 黄色 | 白色 |

这里为你准备了一项测验。记录你阅读上面方框里的词语所花费的时间，接着说出每个方框的颜色。做完了？接着换下面的方框再做一遍，上下两种，哪个能更快更正确地完成？

颜色写，那么要识别起来就容易得多。读者可能会认为，自己要回答这项测验毫无困难，但是它比听起来的要困难得多。

可能的原因

斯特鲁普效应表现的是干扰。大脑因为受到阻碍，无法快速处理问题。在制定测验时，该效应是用来检验人的认知功能的。测验认为，识别颜色不一致的词语要花费更长时间，以此来了解大脑的运作。医生感兴趣的是，完成测验到底要花多长时间、会出现多少次错误及其他因素。

然而，斯特鲁普效应本身所揭示的远远没有这么清晰。一般理论是建立在竞赛模型基础之上的，也就是感官信息迅速进入认知中心——文字处理首先到达。因此，我们经常说书写的文字，而不是字母的颜色。还有另一种可能是，大脑只不过对颜色的注意力要多于文字罢了：我们远古祖先仔细观察水果等食物，看它们的颜色，以了解成熟度，而不是阅读食物上的保质期。另外一个观点认为，读词语和识别颜色这两种认知过程在大脑中走的是不同的通道。其中一个通道支配其他通道，占据支配地位的通常是阅读通道（我们阅读的时机最多）；当不同的通道相遇时，词语会比颜色抢占更多注意力。

| 蓝色 | 白色 | 黄色 | 紫色 | 绿色 | 红色 |

45 心理学场论

20世纪初，心理学研究中占统治地位的是行为主义者和精神分析师。然而，德国心理学家库尔特·勒温却想用另一种方式进行研究。

行为主义者感兴趣的是追踪环境刺激对心理状态的影响（尤其是这些影响很吸引人、很容易测量）。精神分析师关注的是隐藏在潜意识中看不见的事物——永远看不见的事物。在柏林工作期间，勒温意识到，在这些研究中，缺失了某些元素——其他人。

库尔特·勒温在20世纪30年代出名之后，为逃离纳粹的迫害，被迫逃往美国。

力场

勒温的研究最终形成心理学场论，它宽泛地借用了物理学界的力场的概念。在勒温的情境中，在一个人的四周，或者在一群人的四周，场里充满了所有心理学因素。场里混合有正力和负力，推动或阻碍某个人或一群人的目标。当事情不对劲

每个工作环境都具有特定的心理场。

时，勒温建议你改变场，但这并不总是一件轻而易举的事。

三个阶段

勒温提出了改变现状的三个阶段。第一个阶段叫解冻，人人准备改变原有的体系、关系、信仰，以增加场里的正力。第二个阶段叫变化本身。这个阶段可能令人烦恼，因为对原有心理场的熟悉度逐渐降低，由一个全新的、未经检验的行事方式所取代。第三个阶段叫冻结，一旦新的行事方式稳定下来，这个阶段就会出现。

勒温的观念并非真正为精神分析设计，尽管他曾尝试过这么做。他感兴趣的反而是如何让大团体的行为发生改变。在第二次世界大战期间，他帮助美国农业部说服各个家庭多吃动物内脏（当时食物紧缺）。他的做法是增加正力，向人们解释，吃动物内脏会让家庭和社会获益。

46 自闭症

自闭症如今是常见疾病，更多地被当作相关疾病谱系的组成部分。 其中一种疾病叫阿斯伯格综合征，以奥地利医生汉斯·阿斯伯格的名字命名，20世纪30年代，他第一个将自闭症描述为儿童时期产生的独特疾病。

在我们将"自闭症"与术语联系起来之前，"自闭症"这个词其实早就出现了。它来自希腊语中表示"自我"的单词，由尤金·布洛伊勒于1910年发明。布洛伊勒用这个术语来描述他的精神分裂症患者陷入自我的内部世界。1938年，汉斯·阿斯伯格用这个术语来指称另外一种疾病，也就是他发现在儿童时期出现的疾病。

阿斯伯格的病人能够用语言和非言语信号正常交流，似乎有意回避外部世界，采取一种"孤独"的生存方式，他们倾向于长时间做重复工作，通常是排序和堆积物体。今天，阿斯伯格的很多年轻病人可能会被诊断为阿斯伯格综合征。患有阿斯

缺乏心智理论

自闭症患者很难理解自己的想法是与其他人不同的，尽管这对普通人来说非常简单。这是自闭症的一个早期征兆，被称为缺乏心智理论。这就像3岁左右的儿童要想学会玩捉迷藏，就需要先理解躲藏者不会向寻找者暴露自己位置信息这个规则，并且明白两者有着完全不同的视角。而自闭症患者的感受，就像很多儿童刚开始玩捉迷藏那样，他们认为只要捂住自己的眼睛，其他人就找不到自己了。

伯格综合征的儿童，尽管存在社交困难，在陌生环境中明显感到苦恼，但是他们说话和解决问题的能力与其他人相比毫不逊色。"自闭症"这个传统术语仅适用于当今临床上最严重的疾病，自闭症患者出现精神症状的同时，运动技能也会变差。

谱系

据估计，全世界大约有1%的人患有自闭症谱系障碍。这些是发展障碍，在儿童成长过程中越来越明显。症状从6个月大的婴儿期就能看出来，但是儿童通常是在4岁时才被诊断出来。这时候，儿童通常开始形成自我感知和主动控制感，自闭症患者很容易识别出来，他们不与其他人建立关系，自己一个人时会感到更加快乐。根据格式塔心理学的说法，自闭症是大脑无法对知觉进行分类造成的。未患自闭症的人，大脑能认出摆满桌椅、餐具和菜单的房间是一家餐厅。每家餐厅都不尽相同，但是从某方面而言也具有共性。自闭症患者的大脑在不接受帮助的情况下是无法理解的，他们每次去一家新餐厅，或者有任何一次新经历，都必须重新加工，这样才能弄清楚，感到自在，这种情形令人恐惧和困惑。通常，自闭症患者不会将自己置于这种情形，反而会待在安全和熟悉的环境里。自闭症患者尤其难以理解其他人，因此，他们会逃避，将注意力集中在更容易理解的事物上。

天才与联觉者

自闭症患者通过重复的动作和行为来刺激自己，例如将物体排列得尽可能整齐（该现象被称为刻板行为）。然而，他们感到满意和有益的事物，并不一定幼稚或过于简单。小部分自闭症患者是天才，这就意味着他们有超群的智力。他们能够在大脑中计算巨大的数字，不需要学习就能演奏乐器，或者具备摄影般精确的记忆力。这些能力可能与联觉（每个感官的通道被捆绑在一起）有关。例如，联觉者能够看

男性大脑？

有理论认为，自闭症是由极端的"男性大脑"造成的，英国心理学家西蒙·拜伦·科恩（戏剧演员萨莎·拜伦·科恩的堂兄）是该理论的主要拥护者。1995年，拜伦·科恩提出，"男性大脑"被连接起来，以更好地了解各个系统，而"女性大脑"则具有同理心。测验确实表明，女性比男性更擅长识别面部表情的情绪。拜伦·科恩称，大多数人的大脑在这两种类型当中取得平衡。女性可能具有"男性大脑"，反之亦然。然而，缺乏同理心、对物体痴迷的自闭症患者具有极端的"男性大脑"。

一位患有自闭症的男孩与妹妹在一起。

见和品味声音。类似地，患有自闭症的天才可能会将通常用于社会互动和交流的大脑部位用于其他地方。

病因与治疗

自闭症病因至今仍然是未知的，实际上，相似的疾病可能会有多种病因。自闭症在男孩中最常见，早期的一项特别残忍的理论认为，"冰箱妈妈"才是病因，她们没有给孩子足够的情感温暖。另一个理论建立在这一事实基础之上：自闭症在男孩当中更为常见，因此该理论认为，自闭症是由擅长组织模式但是缺乏同理心的极端的"男性大脑"导致的。然而，批评者认为，这种状况可能是由自闭症在女孩中未能做出全面诊断造成的。

由于自闭症是一种发展障碍，早诊断、早干预能帮助患者学习说话和与人互动等无法实现的事情。这样才能保证他们在今后摆脱孤独，更加自主。

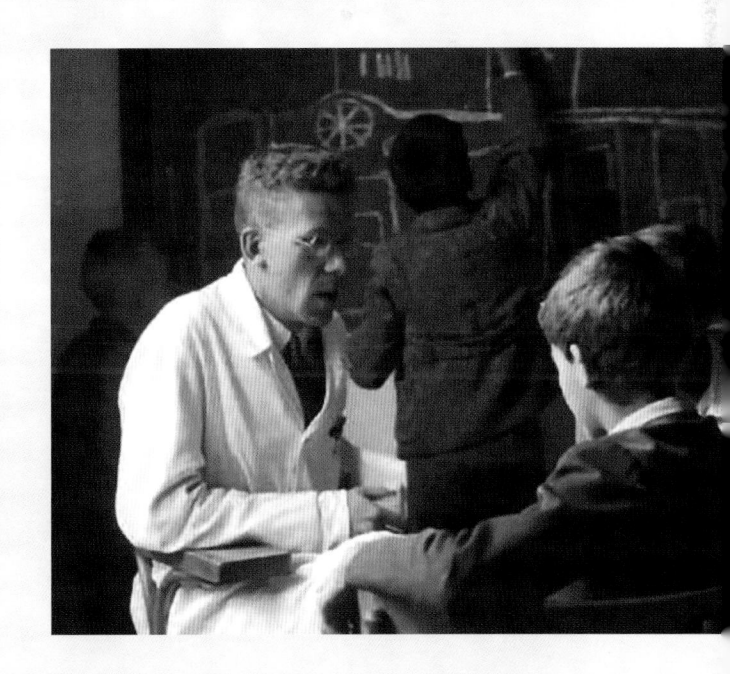

汉斯·阿斯伯格与一位年轻病人罕见的合影。以阿斯伯格名字命名的自闭症谱系综合征最初是由英国精神病学家洛娜·温于20世纪80年代提出的。2018年，历史学家透露，阿斯伯格一直拥护纳粹。很多经他诊断患有自闭症的儿童可能被送往集中营。

47 体质心理学

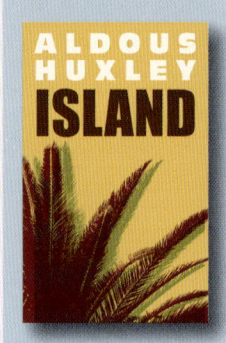

20世纪40年代，很多人认为，一个人的身体形态能够显示其人格。虽然这个观点之后被当作无稽之谈揭穿，但在当时，很多人都认为这个观点有道理。如今，这个观点再次出现，尽管是以一种不同的形式。

体质心理学的主要倡导者是美国心理学家（和钱币收藏家）威廉·谢尔顿。谢尔顿碰巧是威廉·詹姆斯的教子，但是谢尔顿并没有继承童年导师的衣钵。谢尔顿的观点更多地受到弗朗西斯·高尔顿等人的启发，高尔顿认为，人脑解剖能识别智力的优越性。谢尔顿认为肉体与心理机能相关联，并将这种观念扩展到极致。

体型分类

谢尔顿的中心观点源于人类胚胎从细胞三个胚层发育的方式。消化系统是从内胚层发育而来的，肌肉、心脏和供血来自中胚层，而皮肤和神经则来自外胚层。谢尔顿设计了一个体系，对成年人体内每个胚层的优势度进行评分，从而创建了"体型分类"。由内胚层统治的人（内胚层体型）身体肥胖，外胚层体型者瘦骨嶙峋，而中胚层体型者则无比性感，肌肉发达、脂肪少。

身体与灵魂

大多数人的体型是两种或两种以上体型的结合，谢尔顿称，这些体质特征的影响会决定他们的人格。内胚层体型者喜欢感官刺激，尤其是吃东西带来的安慰。他们喜欢有人陪伴，充满深情。然而，他们反应慢，且容易自满。外胚层体型者聪明但害羞，他们远离人群，很容易变得焦虑。而相比之下，中胚层体型者性格全面占优，他们坚定自信，敢于承担风险，擅长掌管事务。

乌托邦

英国作家奥尔德斯·伦纳德·赫胥黎是谢尔顿观点的忠实拥趸。他在自己的最后一部小说《岛》中，创建了一个乌托邦社会。其中很大一部分内容都是以体质心理学为依据的。儿童以不同的方式接受教育，成年后根据身体外观的不同，从事相应的工作。赫胥黎预测，这样的话，就能创建出理想社会。

最明显的批判是，这些观点都是根据刻板印象得出的，利用的是固有观点：肥胖的人多是懒汉，瘦骨嶙峋的人经常弱不禁风，剩下的运动健将应该掌管一切。谢尔顿试图通过给大学新生拍裸体照来寻找证据。在30多年的时间里，他积累了数千张照片——他告诉受试者自己正在研究他们的类型，但是没有人支持他的理论。

肠道微生物群

研究者通过研究肠道里的细菌发现，身体和心理健康之间可能存在一定的联系。某些细菌似乎与肥胖及其他身体和心理健康问题相关联。你认为谢尔顿的观点——身体能提供有关大脑的有用信息有道理吗？

三大主要体型分类。

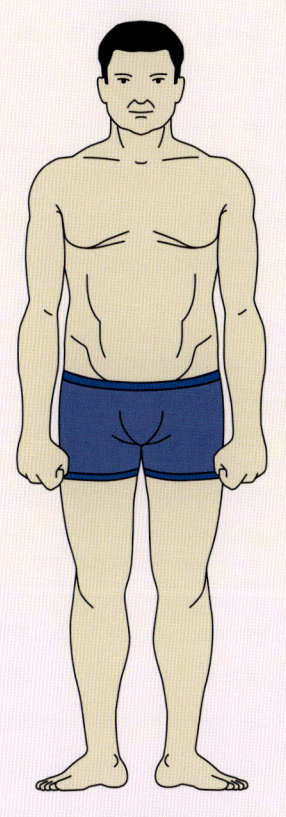

内胚层体型　　　　中胚层体型　　　　外胚层体型

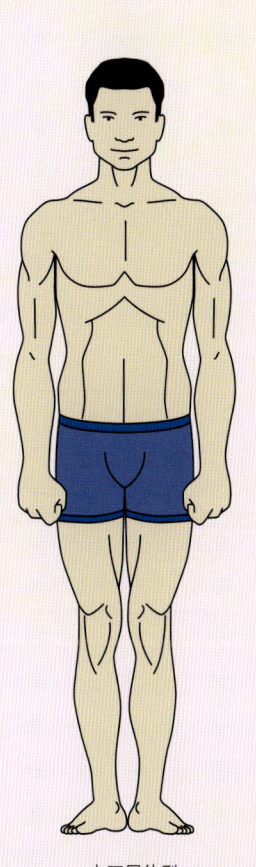

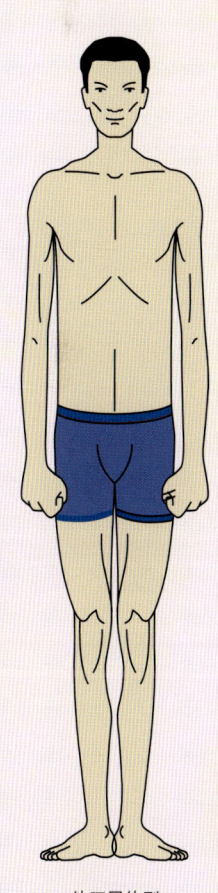

48 学习偏见

肯尼斯·克兰克和玛米·克拉克的研究主题是**隔离心理学，美国很多州将白人和黑人分隔开来**。这对夫妇是最早成为心理学家的一批非裔美国人，他们的事业在民权斗争中发挥着重要作用。

20世纪40年代初，克拉克夫妇设计了一项玩偶测试，以揭示儿童看待种族差异的方式。被试的年龄都在3岁和7岁之间，实验者向他们展示四个玩偶，这些玩偶的颜色由深到浅，从深褐色到浅桃红色都有。这些儿童根据要求，按颜色识别玩偶，接着挑选最能反映自己本人形象的玩偶。

接着，克拉克夫妇试图探索儿童对待种族的态度。他们让被试挑选自己最想玩的玩偶、最难看的玩偶，以及皮肤颜色最好看的玩偶。非裔美国儿童通常更喜欢颜色更浅的玩偶，而不是深色玩偶。

1917年，在俄克拉荷马州马斯科吉的一所黑人高中学校，一个班的75名非裔美国六年级学生与他们的老师在一起。

引人入胜的文化

克拉克夫妇提出，这些测验揭示了非裔美国儿童是从自己周围的隔离文化中习得的。儿童受到的各种影响——来自父母、老师、电影和漫画，都在强化种族主义观念，即白人比黑人高出一等。20世纪50年代，克拉克夫妇被传唤到民权法庭案件中作证，他们表示，在学校中实行种族隔离是违反宪法的。他们的事业和证词有助于推动美国学校体系废止种族歧视制度。

49 非生产型人格

德裔美国心理治疗医师埃里克·弗洛姆制作了一本指导手册，它本身是用来指导人们如何过上多产的真实生活，获得幸福和回报的。这趟人生旅途是从理解非生产型人格开始的。

生活就是一个不断奋斗的过程，我们不断奋斗，以得到我们想要的东西，同时不伤害身边的人。弗洛姆并不是第一个这样说的人，但是在20世纪40年代，他制作了一本指南，指导人们正确做法是怎样的——如何过上多产的生活。弗洛姆将这个问题归结为人的理智问题，他表示，正是理智让我们与自然世界分离。结果就是，

人的八种基本需求

为了过上幸福或者多产的生活，弗洛姆提出，人们需要满足八种基本要求。

1. 与他人建立关系。
2. 创造或毁灭事物，以掌控自己的本性。
3. 建立根基，建造一所房屋。这能让我们感到安全，并建立新的关系。
4. 具备认同感。在非生产型人格的人中，更多的是群体认同感，但是在理想状态下，人们应该具备个体认同感。
5. 理解世界，以及我们在世界中的地位。
6. 为目标而积极奋斗，而不是仅回应环境。
7. 在自我与外部自然世界（包括全体人类）之间达成统一。
8. 为获得成就感到自豪。

我们在很长一段时间内备感孤独。他说，应对孤独的诀窍是拥抱个性。只有这样，一个人才能真正与其他人和自然世界联系起来。

其余五种人格类型

弗洛姆共描述了六种人格类型。除了生产型，别的类型都有或多或少的问题。承受型听起来可能是件好事，但是弗洛姆却用该术语来描述没有自我感知的人，他们总是与周围环境融为一体，保持现状，从不试图改变任何事情。剥削型试图统治其他人，他们利欲熏心，从而掩盖了这样一个事实：他们试图窃取他人的劳动成果。囤积型按照地位和权势排列社会团体，以积累更多财富。如果说剥削者是贵族，那么承受型就是农民，囤积型就是资产阶级。第四种人格类型更加现代化，属于交易型，他们痴迷于表面：该穿什么、买什么、做什么。第五类是生产型，也是弗洛姆想要我们努力实现的目标。能产者接受这样一个事实：他们必须根据当下情形顺势而为，建立真正无私利的关系。有一种人格类型最为罕见：恋尸型，他们厌恶社会混乱或者智力失调，且崇尚暴力。

好吧，也许这个画面描述的形象是与弗洛姆理论不同的囤积型，但是我们所有人一直都在犯错，并且弗洛姆称，我们必须学会与错误共处。

1900—1950年 / 89

50 智力心理学

尽管智商是测量智力的一款强大工具，而且还可以帮助预测其他特质，但是很多人认为它存在瑕疵，其中就包括美国部队心理学家乔伊·保罗·吉尔福特。他想，测智商的方法肯定不止做智力测验、解谜题这么简单。

吉尔福特在部队的第一份工作是评估新兵是否适合进行飞行员训练。战争正在持续，同盟国需要尽可能多的飞行员。问题是，很多学员的考试不及格（飞行并不像看起来那么简单有趣）。从1943年开始，吉尔福特开发了一项标准的、耗时两天才能完成的测验，以测量不同的认知能力。这项测验后来被证明是飞行员学校挑选优秀学员的好方法。这项测验之所以效果极好，是因为吉尔福特的测验考虑了智商测验中未测量的能力。战后，吉尔福特从事教育心理学工作，进一步开发测量智力的方法。

聚敛思维

智商测验擅长测量人的聚敛思维能力。当遇到存在确切答案的问题时，你就会

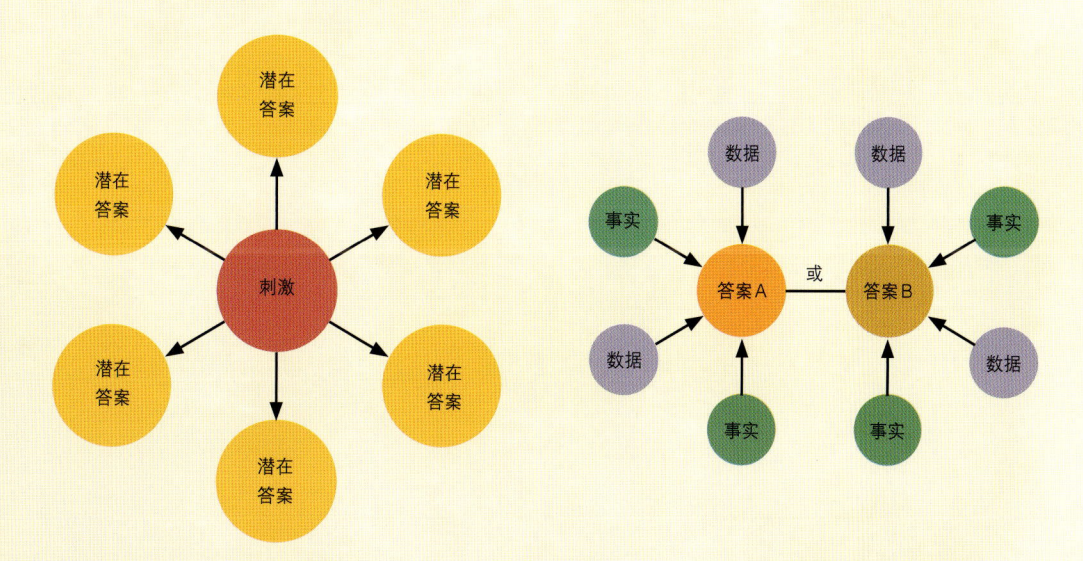

聚敛思维者从两个答案中选择一个和发散型思维者想出不止一个答案，哪个更加简单？

运用提供的信息，调动你对世界的知识，找到答案。这肯定不是件容易的事。它可能要求你进行侧面思考，进入不同知识领域，得到解决方案。能够做到这一点的人可能反过来也行——具备发散思维，但是智商测验无法检验这一点。

发散思维

用一块砖头，你可以做些什么？你首先想到的是建一面墙，但是你还能想到其他的用途吗？这个问题没有唯一的正确答案，但是一个人如果能够给出很多答案，就表明这个人具备创造性智慧，这是标准智商测验中所忽视的一点。吉尔福特所做的工作拓展了我们对智力的理解，因此，智力不再是测验单一因素，而是诸多因素结合的结果。

51 激进行为主义

伯尔赫斯·弗雷德里克·斯金纳的观点的确很激进，他用最新的科学方法，让实验心理学变得与时俱进。另外，他还威胁着要推翻过去几十年的心理学理论。

随着20世纪40年代接近尾声，哲学家、心理学家和神经系统科学家不得不达成一致：他们都对人类心理感兴趣，但是他们所研究的是同一个对象吗？在研究更高级的大脑执行功能，尤其是人类才具备的心理时，暗含的信息是，人类的大脑包含私密活动——简而言之，也就是想法和感觉。

机器中的幽灵

20世纪40年代，这一观点不断遭到攻击，主要是来自伯尔赫斯·弗雷德里克·斯金纳的攻击。他拆分了自己的实验方法，揭露了早期研究者的错误观点。

吉尔伯特·赖尔在1949年的著作《心的概念》一书中提出了自己的哲学观点。

1900—1950年 / 91

这只被困在可怕的古怪装置中的老鼠已经学会了对自己有利的行为，而且一直得到食物奖励。

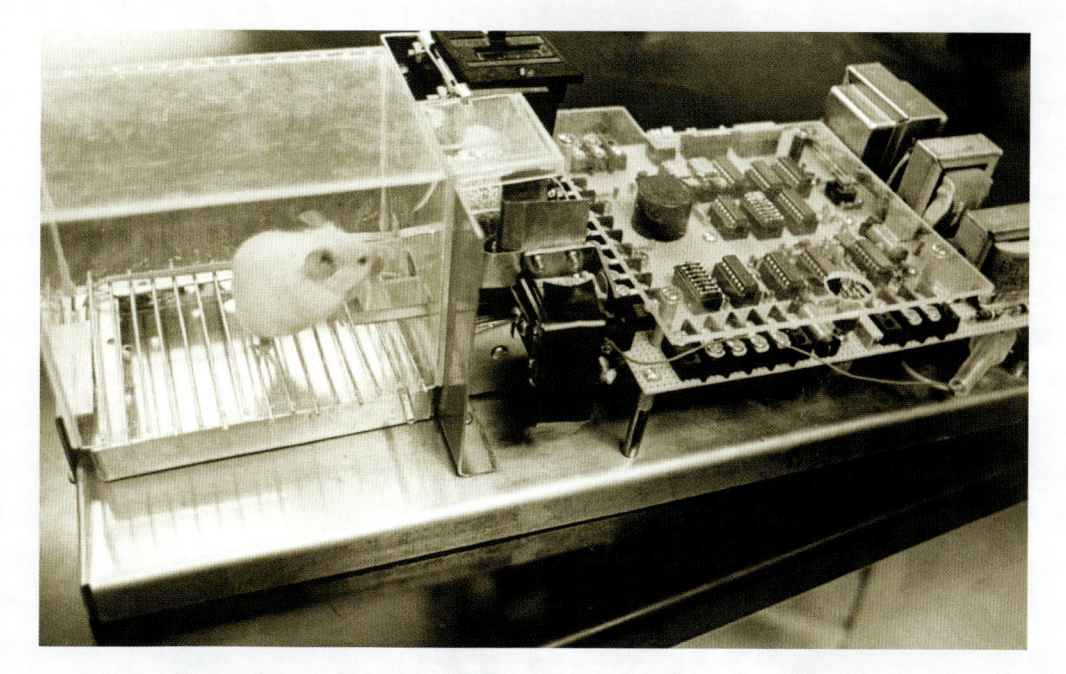

大约在同一时期，英国哲学家吉尔伯特·赖尔在1949年出版的著作中概述了这个问题。他表示，从笛卡儿时期开始，研究人类心理的哲学就一直存在误解。笛卡儿是二元主义者，这就意味着，他认为心理和身体是分离的，心理明显控制着身体，使身体移动、说话等。尽管心理和身体是分离的，它们却都是属于同一"类"事物，就好比群众演员跟电影明星都是演员一样。自笛卡儿时代开始，这一观念就一直在启发科学家们对于心理的看法。

赖尔将这类二元主义者称为"机器中的幽灵"。他表示，心理和身体（机器）无法用同样的术语进行讨论，否则就会犯他所谓的"类别错误"。然而，赖尔辩称，说"玛丽具有好问精神"并不意味着我们能观察她的心理，听她问一连串问题。我们对玛丽进行特性描述反而是体验她好问行为的结果。因此，在现实中，我们谈论的"心理"是由身体的行为组成的。

《瓦尔登湖第二》

1948年，斯金纳写了自己唯一一本小说。这是一本关于不久的将来的科幻小说，讲述的是一位有远见的心理学家，建立了一个名叫"瓦尔登湖第二"的乌托邦社会。社会成员在"行为工程学"体系下成长，该体系不断经受考验和改良。在瓦尔登湖第二里没有核心家庭，从来没有人说过"谢谢"！

强化

斯金纳的研究为这类哲学智力游戏提供了科学证据。他用箱子来分析动物行为，这个箱子如今被称为斯金纳箱。动物被试（通常是鸽子）会被放进箱子里学习行为，学会了就用食物进行奖励，没学会就用电击惩罚。

斯金纳的贡献在于，他展示了条件反射的确是由强化驱动的，也就是巴甫洛夫发现的通过刺激和反应来学习。对刺激的反应造成某种强化，就是斯金纳箱的作用。如果对某个刺激的反应导致某种积极的结果，例如食物，那么接受测验的动物为了得到同样的奖励，可能一遍遍重复这种行为。积极强化是条件反射，或者说掌握习得性行为背后的驱动力。相反，如果箱子对动物进行了某种惩罚，那么箱子里的动物将不再重复之前的行为。负面强化是在教动物不能再那样做。

观点开始变得激进

让斯金纳感到高兴的是，他的强化条件反射过程（更合适的名称是操作性条件反射作用）可以用来教鸽子完成猴子能完成的任务。这表示鸽子与猴子一样聪明吗？斯金纳并不这么认为。他表示，所有的行为都是由之前行动的结果造成的。由于这些行为看起来不像是学习体系的组成部分，因此我们不需要考虑心理思维过程。

观点变得更加激进

斯金纳进一步发展了自己的观点，表示人类意识是虚假的外表，我们的大脑仅留下对行为进行控制的印象。斯金纳指出，由于认知能力（包括人类大脑的抽象思维能力）并不参与大脑控制行为的过程，因此，自由意志就成了幻觉。每个行动只不过是之前行为所造成的结果罢了——我们为了得到奖励或避免损失而做出行动，跟鸽子的行为类似。这一观点被称为激进行为主义，它的逻辑之所以成立，是因为反对这种观点的唯一方式是找到一个连接认知、记忆、知识和想法的物理过程。心理学家至今仍然在寻找物理和心理世界的这类关联。

斯金纳箱也叫操作性条件反射箱，是斯金纳于20世纪30年代研发的。

52 认知行为疗法

早期心理治疗师所开创的谈心疗法被证明存在局限性。 人们即使识别了内心的恶魔，仍然深受恶魔的毒害。1955年，阿尔伯特·艾利斯提出了一种新疗法。

作为一名长期信奉弗洛伊德学说的精神分析医师，阿尔伯特·艾利斯认为自己前途无望。例如，他可以帮助病人找到病因所在，揭示童年经历的创伤，但是他认为这样做并不管用。一种疾病被治愈，病人似乎又会得另外一种疾病。艾利斯意识到，疾病也是由人们的思维方式造成的。首先，最初的创伤可能导致了这种不健康的思维方式的形成，但是要想让病人不再那样思考，还有很大的努力空间。

阿尔伯特·艾利斯是心理疗法领域最有影响力的人物之一。

改变思想

改变病人思考方式的其中一种疗法是，用药物来改变大脑的运作方式。尽管药物起到了一定的作用，但是当时用于改善心理状态的药物是一种难以管理、十分迟钝的治疗手段，副作用严重，因此仅用于治疗最严重的疾病。1955年，艾利斯提出了一种伤害性更小、更有效的治疗手段，他称为"理性情感行为疗法"。"理性"这个词在这里很重要，因为艾利斯指出，病人反复出现的消极和神经过敏症状是由他们思考过程中的非理性步骤造成的。他的疗法的目的就是识别非理性步骤，并教病人用更加理性的想法取代它。

对想法进行训练

艾利斯的疗法后来被命名为理性疗法，该疗法包含行为训练——重新训练大脑对特定刺激的反应方式。艾利斯经常发现，非理性想法会对疾病产生极端反应，极端反应会导致同样极端的消极情绪，消极情绪反过来成为日常生活中的一种疾病。艾利斯的体系自此发展成为认知行为疗法。

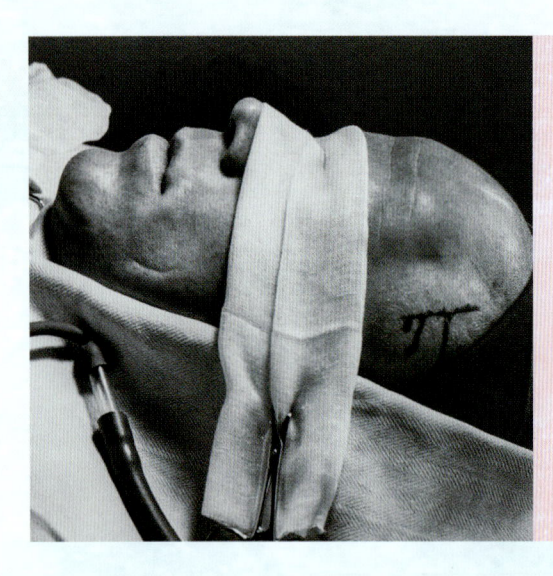

部分脑神经切除术

当艾利斯集中精力改变不健康的想法时，另一门技术已经被开发出来，即用一种十分不同的方式去除它们。20世纪30年代末期，葡萄牙神经外科医生埃加斯·莫尼斯称，严重的精神疾病顽固地拒绝响应疗法，是由大脑智力所在部位——额叶中的"固定观念"造成的。他的解决办法简单、激进，后来才发现是一种糟糕的办法：他会采用后来被称为"部分脑神经切除术"的手术把额叶切除了事。这种方法有了立足之地——它当然有效，但是使病人受到严重伤害。到了20世纪50年代，用于镇静大脑额叶的镇静剂被发现效果与部分脑神经切除术起到同样的作用，从此，部分脑神经切除术不再受到欢迎。

融合的力量

认知行为疗法通常作为一种短期疗法用于治疗抑郁、焦虑等情绪疾病，它与医学治疗一起使用，还能治愈更为复杂的疾病。就像它的名称所暗示的那样，认知行为疗法融合了两种早期用心理学治疗精神疾病的疗法——行为疗法和认知疗法。用最简单的话说，行为疗法试图运用从斯金纳箱中得到的启发。治疗师帮助病人识别他们想要消除的、与糟糕感觉联系起来的行为。病人还接收到建议，要采取问题不那么严重的替代性行为。接着，行为疗法将起作用，对好的行为进行奖励，对糟糕的行为进行惩罚。这可能简单得就像表现出好行为，就能赢得一个代币，表现出糟糕行为，就必须支付一个代币——尽管该疗法还建议采取更加切实的奖励。认知疗法源于弗洛伊德的治疗手段。这些践行者搜寻病人采取的无益思考方式，接着帮助他们找到更好的思考方式。这就是阿尔伯特·艾利斯和亚伦·贝克（本书后面的部分会介绍到他）最初采取的方法。20世纪90年代，最终证明两种疗法一起使用的疗效要比单独使用其中一种更好。

认知行为疗法试图打破由病态情绪引起并最终导致病态行为的无益想法和行为的恶性循环。

认知行为疗法在一对一场景中、群体中，甚至在在线工具中疗效良好。

53 生命的八个阶段

艾瑞克·埃里克森有一项关于心理的计划。他认为，人类心理发展可以分为多个阶段。 这些阶段是预先确定的，但是这些阶段的心理并不是预先决定的。

阶段	心理社会危机	基本品德	年龄
一	信任与不信任	希望	刚出生到1岁半
二	自主与羞耻	意愿	1岁半到3岁
三	主动与内疚	目的	3岁到5岁
四	勤劳与自卑	能力	5岁到12岁
五	身份认同与角色混乱	忠诚	12岁到18岁
六	亲密与孤立	爱	18岁到40岁
七	生成与停滞	关爱	40岁到65岁
八	自我完整性与绝望	智慧	65岁以上

埃里克森是德国诸多精神分析师中年代最近的一位，他的观点一直与弗洛伊德不同。弗洛伊德表示，潜意识中的本我是大脑中的主导力量。但是埃里克森不同意这个观点，他表示，有意识的自我才是主导力量。因此，人从一出生开始，就是由自己周围的人们和文化所创造的自我，经过一系列冲突和危机，大脑就会不断得到开发。

每场危机都是由学习一项基本品德而得以解决的。埃里克森描述了危机同形成基本品德的八个阶段，每个阶段都在漫长的生命历程中出现。

早年

前四个阶段出现在儿童时期（年龄已在上文表格中给出）。在第一阶段，婴儿发现世界是不确定的，开始学习信任照料者（就像人们所希望的那样，有很好的理由这样做）。在第二阶段，儿童学习掌控自己的身体，但是发现自己常常弄错。然而，他们发现，如果真正用心去做，就能达成自己的需求。在第三阶段，儿童学会了掌控自己的身体，在不伤害别人的情况下就能得到自己想要的东西。在第四阶段，他们形成一种胜任感，这种胜任感能够提升自尊。

后期生活

第五阶段出现在青少年时期，人们在这一时期找到身份认同。如果这一阶段结束得很糟糕，那么就会像埃里克森所说的那样，人们会在成年时遭遇身份认同危机。身份认同危机对第六阶段有影响，在这个阶段，人们开始学习建立亲密关系。在第七阶段，人们主要是为下一代的利益而努力，但是在努力挣扎着让自己保持兴趣。最后，在第八阶段，人们回顾自己的一生，要么感到满足，要么感到绝望。祝你好运！

埃里克森生命阶段划分中的第六和第二阶段。

54 以人为中心的疗法

卡尔·罗杰斯称，良好的心理健康不是一种固定状态，因为每个人都有自己寻找快乐的方式。 因此，治疗精神疾病是个十分个性化的过程。

在宗教环境中成长起来的卡罗·罗杰斯成年后致力于人道主义，积极倡导世界和平。

跟20世纪50年代的几位心理治疗师一样，卡尔·罗杰斯很早就对各类疗法不抱幻想。行为主义者为了努力让大脑重新取得平衡，约束负面行为及负面行为带来的情绪，同时强化积极行为。这表明，良好的心理健康状况是不健康心理状况中的某种"甜蜜点"。与此形成对照的是，精神分析师坚称，良好的心理健康状况来自一个人满足自身所有原始冲动，同时不产生内在冲突的能力。这两类思考方法都假设良好的心理健康状况是一种固定的理想状态，是所有健康的人接近的状态。罗杰斯不同意以上观点。每个人时刻都在发生改变，而他们的精神生活也随之发生改变。因此，罗杰斯认为，有心理问题的人需要学会用自己的方法寻找快乐。

卡尔·罗杰斯以人为中心的疗法是一个终身适用的过程。

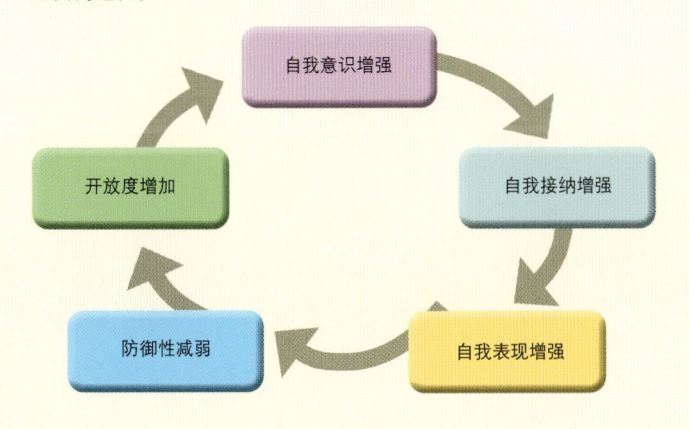

自我意识增强 → 自我接纳增强 → 自我表现增强 → 防御性减弱 → 开放度增加 → 自我意识增强

寻找你自己

罗杰斯开发了一种容纳这些观点的疗法。他表示，我们之所以会出现心理问题，是因为我们对生活中自己不喜欢、感到无力控制的事物采取防御态度。这就意味着，我们阻碍了很多种可能使我们变得开心的思考和感觉方式。以人为中心的疗法，目的在于破除这些障碍，罗杰斯期望我们对自己所有的情绪都更加了解。结果就是，我们开始体验完整的自我，而不仅是隔离开的部分。无论如何，刚开始我们可能不会对自己处处满意，但是罗杰斯希望我们不要评判自己。现在，我们可以用更真实的方式表达自我，没有必要防备心太强，这样，自我发展的良性循环就会开启。

55 同伴压力和盲从

经过将近十年的努力，两名实验心理学家通过探索促使人们与其他人保持一致、变得顺从的非凡驱动力，从而使自己名留青史。

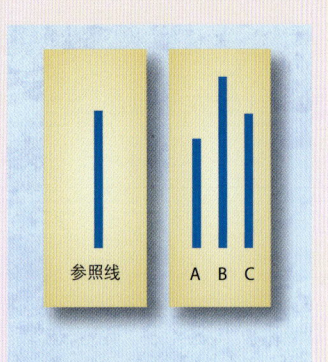

阿希范式

你与其他九个人一起坐在房间里，这时候，阿希博士走进来，问大家A、B、C中哪一条线的长度与参照线长度相同。其他人都选B，现在轮到你选择了。你会选哪一个选项？记住，其余每个人都在盯着你，等着你回答……

所罗门·阿希1951年进行的范式实验测试了100多名男性被试。每名被试都由阿希的7个合作伙伴单独测验。他们向被试展示类似左图中的测验卡片，要求被试说出左边卡片中的三条线中，哪一条与左边卡片中的唯一一条线长度相同。在18次测试中，被试总是给出最后一条或者中间那条。在刚开始的6次测试中，所有被试都给出了正确答案。但是在其余12次测试中，所有人都给出了错误答案——都是同样的错误答案。被试到底做了什么？只有1/3的被试给出的答案与群体不同。在实验结束后回访时，许多被试承认，他们之所以给出错误答案，只不过是为了合群罢了。

米尔格拉姆实验

于1961年开展的米尔格拉姆实验更加著名和极端。事先拿到报酬的志愿者（受试）扮演"老师"，在一名科学家的指示下，"老师"电击答错简单任务和问题的"学习者"。"老师"以为"学习者"同是志愿者，并且听科学家解释：电击虽然令人痛苦，但是并不会对人造成伤害。

米尔格拉姆实验中典型的一天。

科学家："把电压调到最大。"

老师："遵命，老板。"

学习者："啊！"

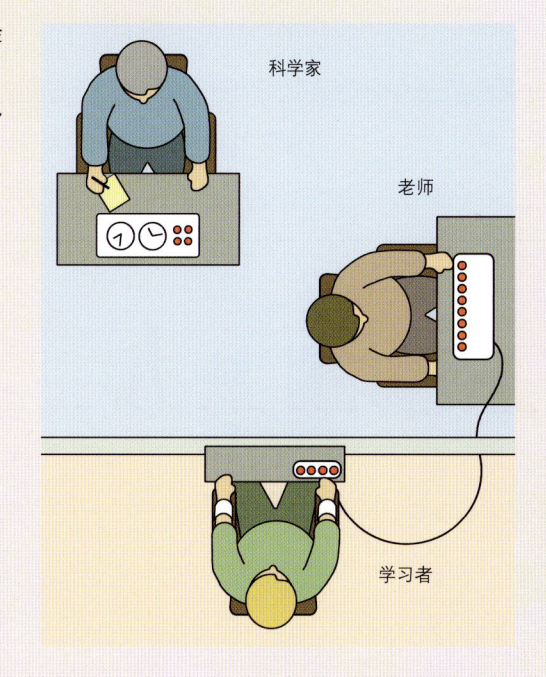

然而，"学习者"实际上是一位擅长表演发出痛苦尖叫的研究者。这位研究者故意不时地答错问题。"学习者"每回答错一道题，科学家就让"老师"增加电压。所有扮演"老师"的志愿者都遵照指令，直到假的电击仪器电压增加到300伏。这时候，"学习者"开始痛苦地哭喊。大约1/3的志愿者停止电击，但是剩余2/3的"老师"志愿者继续电击。甚至在高水平电压下，当"学习者"请求释放，直到变得一瘸一拐的时候，他们仍然没有停止。

56 多重人格障碍

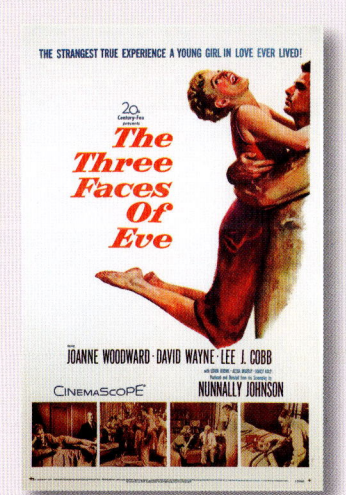

1954年，两位美国精神病学家展示了一项非常罕见的案例研究。该研究讲述的是一位名叫夏娃的女人不止有一种人格，而是具有三种不同的人格。她的故事后来被写进书中、搬上银幕，成为畅销书和热门电影。

这两位精神病学家分别叫科贝特·廷彭和赫维·克莱贝利，他们俩一起在佐治亚州奥古斯塔市工作。1952年，他们开始治疗一位名叫克里斯·科斯特纳·塞泽莫尔的病人，这位病人时年25岁，具有某些奇怪症状。他们两人将她的案例写成了一部名著《三面夏娃》（后改编为同名电影）。为了保护她的隐私，塞泽莫尔的名字被改编成"夏娃·怀特"，而她的真实身份直到1975年才被揭晓。

夏娃·怀特生性拘谨胆怯，她因为一次神秘事件而寻求帮助。一天，她出门买了一些昂贵的衣服，但是当她回到家里时，她完全记不起来这件事了。夏娃·怀特在解释这件事的时候，开始发生变化，她变得更加轻浮独断，想要抽烟，尽管她平时并不抽烟。医生称呼这样的她为夏娃·布莱克。夏娃·布莱克了解夏娃·怀特的一切，而且不怎么喜欢她，但是夏娃·怀特并不知道自己具有这种其他人格。廷彭和克莱贝利试图同时召唤她的两种人格，夏娃睡了过去，醒来时出现了第三种人格，他们称其为简。简能力更加出众，比另外两种人格更加平衡，了解另外两种人格的一切。经过14个月的治疗，廷彭和克莱贝利发现夏娃（克里斯·塞泽莫尔）曾经受到小时候看见的致命事故的创伤。在小说版本中，精神病医生治愈了夏娃，尽管现实中的塞泽莫尔多年之后才恢复。

乔安娜·伍德沃德因为在电影《三面夏娃》中饰演多重人格障碍患者而获得1957年奥斯卡最佳女演员奖。

57 神经信号

研究人类心理的心理学始于神经系统，最终又回到了神经系统。1952年，在经过多年艰苦研究后，心理学家终于揭示了支撑心理学的神经信号的运作方式。

电休克疗法

本杰明·富兰克林有相当多的电击经验。他的经验促使他认为，电击在某种方式下会重置大脑，去除糟糕记忆。20世纪30年代，电休克疗法开始用于治疗癫痫。该疗法早期是凭人们的猜测进行的，几乎只能导致暂时的健忘症，让病人短暂地忘记自己的疾病。如今，电休克疗法仍然用于治疗抑郁症和狂躁症，但只在其他疗法都不起作用的情况下使用。

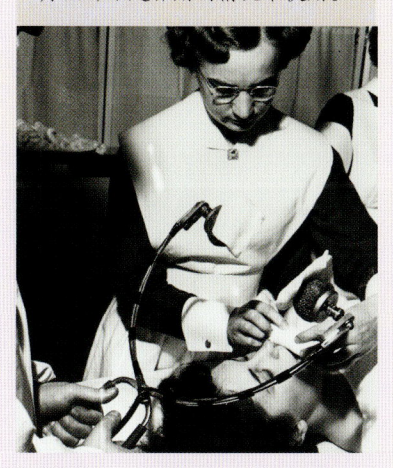

18世纪90年代，演出者在欧洲各城市巡演，给尸体和肢解的身体部位通电，让他们看起来（短暂地）重新恢复了生命，人们才首次得知电流能够影响神经功能。从此之后，人们对大脑及神经元利用电场的方式有了更多了解。神经元学说解释了神经信号在大脑细胞间的传输方式，它假设电在其中起到了一定作用。

图为艾伦·霍奇金于1963年在自己的实验室。当年，他因为在神经动作电位上的贡献，与安德鲁·赫胥黎一同获得诺贝尔奖。

电气系统

电是了解大脑的重要研究工具，曾用于揭示耳朵的运作方式，以及大脑是如何接收来自身体的感官信息，并向肌肉传递运动指令的。电还用于开发测量脑电波的脑电图仪。然而，神经细胞产生电信号的确切机制仍然是个谜题。直到两位英国研究者开始研究鱿鱼的神经之后，这方面才有了重大突破。

两位研究者分别是安德鲁·赫胥黎和艾伦·霍奇金。他们之所以选择鱿鱼作为研究对

神经元，神经细胞

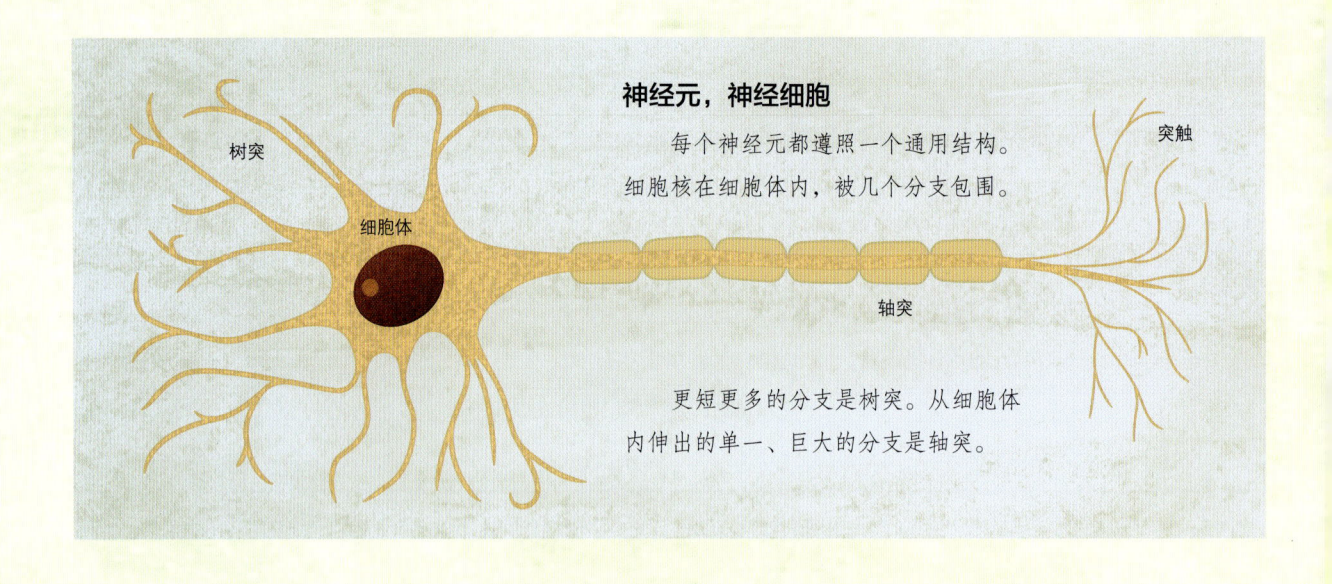

每个神经元都遵照一个通用结构。细胞核在细胞体内，被几个分支包围。

树突

细胞体

轴突

突触

更短更多的分支是树突。从细胞体内伸出的单一、巨大的分支是轴突。

象，是因为鱿鱼具有巨轴突，也就是一层厚厚的、遍及全身的神经纤维。赫胥黎和霍奇金采用电压钳制技术，得以十分详细地研究鱿鱼身上的大量神经。简单来说，他们改变轴突上的电压，测量电压如何改变不同的化学物质（尤其是带电离子）进出神经。他们于1935年开始研究，尽管因为受到第二次世界大战的影响而中断，但是第二次世界大战结束后，德国出生的伯纳德·卡茨做出了进一步贡献。1952年，该团队展示了他们的研究结果：在大多数时间里，神经元什么都不做，但是当需要发送信号时，神经元就使用钠、钾和氯离子创建大量在轴突中传输的电位。

不停移动的离子

当神经元在"休息"时，神经元内部带有负电荷，外部带有正电荷。这是由某些离子被阻挡，无法进入或离开细胞造成的。带有正电荷的钾离子可以自由进出细胞膜，因此涌入细胞消除细胞膜内外部差异。然而，带有负电荷的氯离子被阻挡，无法离开细胞，因此在细胞内部产生大量负电荷。此外，轴突输出带正电荷的钠离子的速度比钾离子进入的速度快。这个过程需要消耗能量，也就解释了大脑为何需要消耗身体20%的能量供应。大脑即使什么事情都不做（当然，这种情况永远不会真正出现），也需要供能。

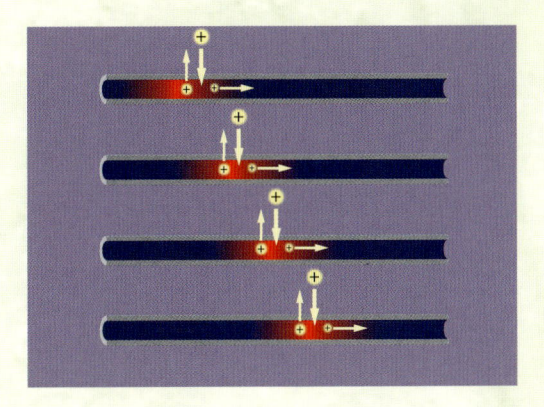

轴突的静态电位是–70毫伏。当轴突被要求发送信号时，来自神经元的化学刺激物会使接近细胞主体的轴突膜里的通道打开。这些通道可以让钠离子自由地流回细胞。轴突膜里的电位开始发生变化，如果电位高于某个临界水平（–55毫伏），影响会加速，更多的钠离子通道会被打开。当轴突膜外部呈负极，内部呈正极时，轴突的两极会来回翻转。当发生这种突然转变后，系统会重新恢复正常，钠离子被推出，以恢复静态电位。然而，不断变化的两极的影响会沿着轴突泄露，这个过程在轴突的不同部位不断重复，以产生大量"动作电位"，也就是神经冲动。尽管神经冲动是由电流造成的，但是它并不像电流一样以光速移动。神经冲动的速率不断变化，为每秒300至400英尺（编者注：1英尺约为0.3米）。

电气神经冲动指的是轴突膜两边的电压或者"电位差异"。这是由带电粒子在轴突细胞上进进出出造成的。

58 需要理论

1953年，大卫·麦克利兰试图将心理学投入商业化应用。他认为，预测一个人是否适合某项工作的最好方法是明确他的首要动机。

寻找新员工很少有直截了当的做法。过程太简单的话，就是冒险使用看起来不错的人；太复杂的话，就需要进行各种测验和面试。避免混淆的一个简单方法是寻找一种信号——一条能够暗示候选人表现的线索，人们不约而同想到的是他们的教育背景。合适的学历和职业资质显示一个人能够完成手头的任务，但是他们会这样做吗？20世纪50年代，美国社会心理学家大卫·麦克利兰开发出需要理论，试图找到人们工作的驱动因素。

权力需要

亲和需要　　成就需要

人们是相互矛盾的动机的混合体。如果你想要被提拔为团队领导，那么你可能需要具备一种动机；如果你感觉不需要，那么要确保自己拒绝升职。

三类驱动因素

需要理论将一个人的动机简化为三大核心需要：权力、亲和需要和成就需要。这些需要驱动我们所有人，但是在通常情况下，其中一个需要会主导其他两个需要。麦克利兰称，找出哪项需求是主导，将指明一个人属于哪种员工。

需要理论听起来很简单。管理者受权力驱使，他们需要掌管其他人。提拔没有权力动机的人领导一个团队不是一个好主意。同样，让需要权力的人成为团队的一部分也是一个糟糕的决策。由成就需要驱动的人非常有竞争性，会努力争取把工作做到最好，而且会一直持续下去。最后，亲和需要驱动的人想要成为团队的一分子，并在努力实现团队目标时与同事建立良好关系。他们不会成为好的管理者，因为他们不太想要与员工彻底分离。

测验情境

那么，你是哪一种人？麦克利兰称，我们都没法意识到自己的动机，因为它们源于潜意识。但是，不要担心，他开发了一项测验，是在20世纪30年代开发的主题统觉测验的基础上修订的。统觉测验要求测验对象看一组图像后讲故事，麦克利兰会分析他们的故事，来揭示他们的主导需要。20世纪六七十年代，运用心理学招募员工这一做法受到人们青睐，尽管这种做法后来逐渐消失。然而，其中心观点仍然适用，运营良好的组织会允许员工满足他们自己的需求。

1950—1980年 / 105

59 需求层次理论

你是自我实现型的人吗？如果你不是，会有什么问题吗？要了解更多，我们需要调查战后精神治疗医师亚伯拉罕·马斯洛的理论，他试图寻找一个能够产生满意度的体系。

幸福生活的秘诀是什么？几百年来，不同的哲学家提出了不同的生活和思考模式，他们确信这些模式会让追随者对自己的命运感到满意。更接地气的做法是这样的：家庭温馨、丰衣足食、亲密无间。心理学家大体会同意这种说法——人类需要满足欲望和需求，此后，他们的生活就会变得无忧无虑。然而，这些方法都不真正奏效。即使基本需求得到满足后，很多人还是感觉——如果他们有时间停下来思考的话——缺失了某些东西。

在20世纪40和50年代，心理学还是了解人类及其在世界上的位置的新方式，亚伯拉罕·马斯洛试图建立一种体系，使人们可以满足自己的毕生需求。这件事并

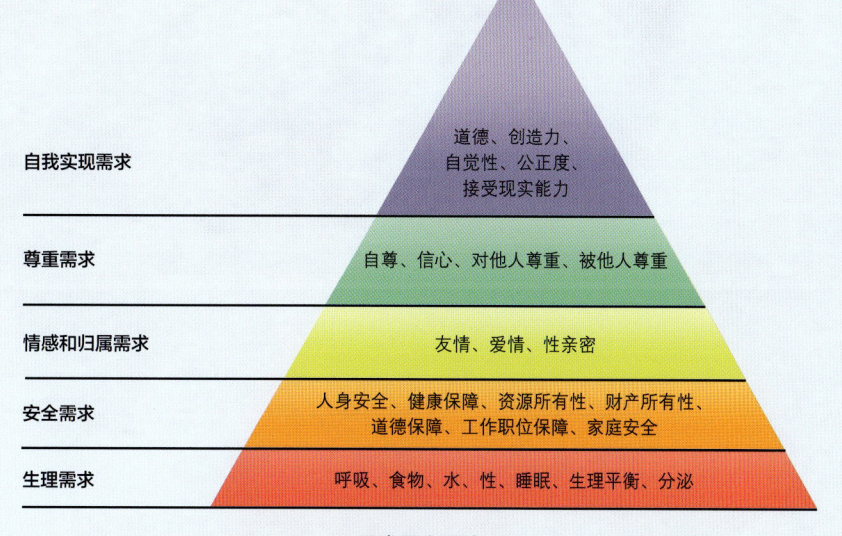

马斯洛坚称"凡是能实现的，就必须实现"。遵循他的需求层次理论，我们会发现自己内心真正的召唤，一旦完成自我实现，就能获得我们一直寻求的满意度和满足感。

自我实现需求	道德、创造力、自觉性、公正度、接受现实能力
尊重需求	自尊、信心、对他人尊重、被他人尊重
情感和归属需求	友情、爱情、性亲密
安全需求	人身安全、健康保障、资源所有性、财产所有性、道德保障、工作职位保障、家庭安全
生理需求	呼吸、食物、水、性、睡眠、生理平衡、分泌

需求层次理论

不简单。马斯洛努力的成果，反而是具有多个层次的需求层次理论。

位于底层的四个层级是马斯洛所谓的"缺乏"需求，包括食物和庇护所等基本的动物需求，以及安全、陪伴、自尊等更加人性的需求。一旦这些需求得到满足（我们很多人都在努力做到这一点），马斯洛还引进了一套"成长"需求。人们"需要"形成审美感和理解力，使他们能够发现自己在社会中的角色，发挥自己的全部潜能，或者"自我实现"。一旦实现了这一点，我们就能挣开个体的枷锁，成为更加高尚的人。

60 语言习得

还有什么行为能比使用语言更能定义人类呢？人类用词和句子交流的能力，将自身与动物区别开来。但是，这项极其复杂的能力到底是怎么来的呢？

直到20世纪50年代中期，心理学家和生物学家都简单地认为，语言是人类学习的结果。我们出生后不会说话，但是在接下来的几年时间里，就学会了语言。然而，一位名叫诺姆·乔姆斯基的年轻语言学家并不同意这种观点。1955年，他出版了《句法结构》的第一卷，从此这本书彻底变革了人类研究语言的方法，尽管其中的某些观点仍然存在争议，并且有很多反对者。乔姆斯基将语言视为一种生物现象。他将语言描述为一种与心脏或肝脏一样成长的器官。心脏和肝脏的成长在很大程度上是由先天遗传密码决定的，乔姆斯基认为，语言能力也是天生的。

诺姆·乔姆斯基早年因为其语言学观点而闻名。但后来，他更为有名的身份是政治活动家和评论员。

预先获得的理解

乔姆斯基认为，所有人类都使用一套普遍语法，也就是在每种语言里都存在的组织体系。之所以存在普遍语法，是因为每个人在出生的时候就已经"知道"了。

1799年于埃及发现的罗塞塔石碑上，用希腊文字、通俗体文字和古埃及象形文字刻了同样的内容。18世纪，象形文字是难以理解的官话，但是三种语言的共同特征使得分析师能够首次解密埃及的书写体系——这是人类早期涉足语言学领域的案例。

这套内置语法接着作为一套学习框架，用于理解口语的意义，并再创造口语。这样的一套机制是解决"刺激贫乏"谜题的唯一方式。该谜题起源于儿童的语言发展能力超过了自身的经验。换句话说，儿童在事先没有听说任何句子的情况下，很快就能理解无数独特句子的意思。

乔姆斯基1955年的观点开启了接下来20年的调研，他后来提出，人类具有一个语言习得机制，即大脑中假设的促进语言能力发展的机制。乔姆斯基称，在刚出生的几周和几个月里，小狗和婴儿具有类似的认知能力，但是只有婴儿才会继续发展出语言能力，这都取决于语言习得机制。

61 工作记忆

20世纪50年代中期，运用行为解释心理学逐渐为更加关注思想和记忆力的认知心理学所代替。 然而，问题来了，到底什么是记忆力？

实验心理学的伟大先驱，如威廉·冯特和威廉姆·詹姆斯曾经尝试理解记忆的过程。记忆力是如何形成的，存储在哪个位置？大脑在需要时如何召唤记忆力？

这些问题至今仍然没有得到全面回答，但是在1956年，乔治·阿米蒂奇·米勒开始揭示人类记忆力的复杂体系。他采用的方式得到了同时期出现的计算机科技的帮助，计算机以比特为单位处理信息。米勒注意到，在很多有关记忆力的实验当

工作记忆有时候被称为电话记忆，因为电话号码所包含的信息量刚好能填满工作记忆。通常，我们在记忆稍长的电话号码时，短时间内很少会出现问题，但是接下来，电话号码就会永远被忘记。

中，人们似乎都能够一次记住7件事物（或者有时多几个，有时少几个）。例如，人们能够记住7个数字、7个单词（短一些的），甚至7个符号，但是要同时记住更多，就会存在困难。米勒想知道"7"这个数字是否代表了某种记忆容量。

短期记忆

很明显，人的大脑能记住不止7个事物，因此，米勒表示，他所揭示的现象是记忆力形成方式的结果。他提出，所有的记忆力都始于感官刺激——从耳朵、眼睛等进入短期记忆存储。米勒将这一特征称为工作记忆。后来的研究表明，物品在工作记忆中只能维持大约15秒，随着被新物品取代，记忆力逐渐消退。人们通过预演，换句话说就是通过重复（如果有必要的话大声说出来），可以在工作记忆中将信息保存更长时间，以此来不断更新感知到的信息。

工作记忆中的很多内容都丢失了，而重要信息留下了足够的印象，就会成为长期记忆。人类长期记忆的能力似乎无边无际，但是必须突破工作记忆7个事物的瓶颈。米勒发现，如果信息被有意地排列成7个组块，记忆起来就简单得多了。

62 道德发展理论

是非的本质及其来源是个宏大的主题，用整本书都讲不完。1958年，心理学家劳伦斯·科尔伯格揭示了儿童的大脑是如何发展出道德心的。

道德，也就是是非判断，可能是由人类自己构建的。它可能是权势更高的人给予的礼物，或者是一种自然现象——到底哪种说法正确，争论仍然在持续。然而，科尔伯格向人们展示，不管道德的终极来源是什么，儿童都是在家长、其他看护者与整个社会的引导下学习道德的。

　　科尔伯格的发现源于一项针对70名10至16岁男孩的研究。每个男孩都被展示一系列具有两种可能答案的道德困境，两种答案都不是特别令人满意。儿童的答案揭示了随着年龄增长，他们道德思维的转变。科尔伯格将道德思维划分成六个阶段。在第一阶段，道德行为完全由惩罚所支配：为了免遭责备，儿童不做坏事。在第二阶段，儿童的行为方式目的是使奖励最大化——如果值得的话，他们还会做坏事。第三个阶段始于儿童根据自己的行为将自己划分为好人或坏人，他们开始以取悦他人的方式行事。在第四阶段，儿童意识到，做个好人会对所有人有益，因此，儿童取悦对象范围扩展至整个社会。科尔伯格表示，大多数人都停留在这个阶段，只有大约15%的人会进入第五阶段，他们在成年后会开始质问社会制度，开始根据个人需求而不是团队需求做出道德决定。在第六阶段，也就是最后一个阶段，人们更加愿意打破法律和社会规范，以进一步支持更大层面的道德的善。

六阶段道德发展理论

水平	六个阶段	年龄段	特征描述
一	顺从/惩罚	婴儿	在做正确的事情和避免惩罚之间没有区别
一	私利	学前	一般利益转换至获取利益，而不是避免惩罚
二	一致性和人际协议	学龄	努力获得认可，与他人维持友好关系
二	权威和社会秩序	学龄	努力适应固定规则，因为道德的目的就是维持社会秩序
三	社会契约	青少年时期	道德上正确和法律上正确不一定是同一回事
三	通用原则	成年	道德超越互利互惠

如这个表格所示，科尔伯格的六阶段道德发展理论分为三个水平，每个水平都意味着一个人道德行为态度上的巨大转变。

63 认知失调理论

人们在生活中创建某种秩序，是很自然的事情。美国社会心理学家利昂·费斯汀格发现，人们同样也会为信仰创建某种秩序，而且会不遗余力地维持这种秩序。

利昂·费斯汀格是社会心理学创始人之一库尔特·勒温的学生，曾在麻省理工学院的一个研究单位学习。费斯汀格最有影响力的一个观点是，人们在生活中会通过形成习惯和常规日程来建立秩序，提升生活的满足感。结果，人们就能避免生活上的混乱。费斯汀格领悟到，人们也会避免日常信仰和思考方式的混乱。当有证据表明自己的一个信仰是不真实的之后，人们就会心神不安。费斯汀格将这种心神不安的状态描述为由两种矛盾观点形成的"认知失调"。终结心神不安状态的唯一办法是，让两种矛盾观点在某种程度上变得一致。他发现，人们很少会改变自己长期保持的信仰，从而与证据相匹配。人们宁愿维持自己的信仰，反而会通过讲故事来让矛盾消失。换句话说，一个人的观念一旦形成，就很难改变。

《伊索寓言》中关于狐狸和葡萄的寓言是认知失调的经典故事。狐狸想吃一串多汁的葡萄，但是爬得不够高，没法摘到葡萄。遭到挫败后，狐狸认为，葡萄实在是太酸了，没法吃，反而为没能摘到葡萄而高兴。通过降低感知价值，使没能摘到葡萄而引起的失调变得中性化。狐狸的行为就是"吃不到葡萄说葡萄酸"。

异教团体的魔力

费斯汀格所从事的认知失调影响的研究，是围绕芝加哥的一个异教团体进行的。这个团体的成员认为，地球会在1954年12月21日被大洪水毁灭，而他们作为信徒，会被来自外星的飞船迅速带到安全的地方。费斯汀格带领自己的团队，在世界末日到来之前和之后分别采访了该异教团体成员，研究结果在1956年出版的《当预言失败时》一书中呈现。团队发现，当洪水和飞船没能出现时，异教团体成员并没有放弃自己的信仰。

1950—1980年 / 111

尽管过去的信仰与现实状况不一致的程度极大，却没有人能够面对现实，更别说他们曾耗费大量时间和金钱才建立起来的信仰了。他们反而会开始相信，在地球毁灭的过程中，是他们的善行才令外星人放过了其他人——因此，人们就能得出外星人存在的结论。

64 注意力过滤模型

在乔治·米勒提出短期工作记忆原理几年后，还有一个谜题尚未解开：信息最初是如何寻找到途径并引起我们的注意的？

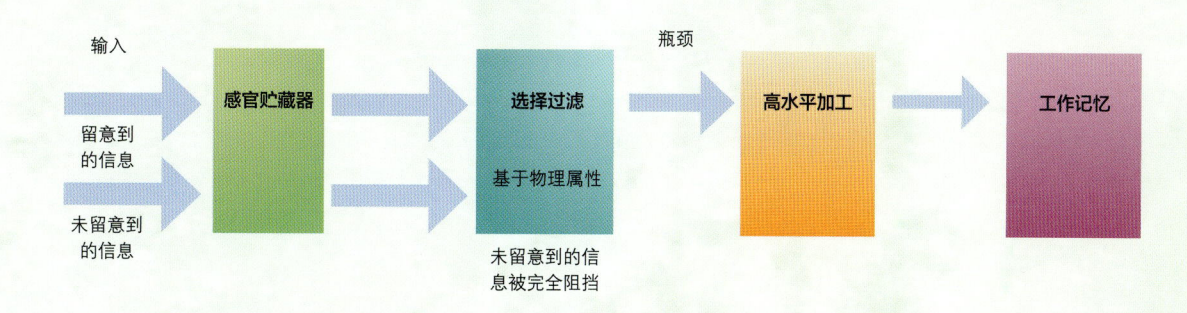

输入 → 感官贮藏器 → 选择过滤（基于物理属性）→ 瓶颈 → 高水平加工 → 工作记忆

留意到的信息 / 未留意到的信息

未留意到的信息被完全阻挡

布罗德本特注意力模型的原理图解释了大脑是如何管理注意力的。现代神经系统科学仍然在寻找注意力的组成——感官贮藏器、工作记忆等在实际大脑中的位置。

英国心理学家唐纳德·布罗德本特具有军队背景，第二次世界大战期间，他曾在英国皇家空军服役多年。第二次世界大战结束后，他开始研究一个项目，以了解飞行员在飞行时到底是如何犯错误的。原因很明显：飞行员不得不处理太多信息，从而导致混乱，接着就会犯错。布罗德本特是飞行员、工程师兼心理学家，他从中发现机会，于是开始研究注意力，比如我们是如何将注意力集中在某些事情上，同时忽略其他事情的。他还受到用无线电通信电路指引飞行员的空中交通指挥员的启发。这些指挥员能够集中精力听一名飞行员的声音，而忽略其他指挥员的嘈杂声。

两种声音

为了查明指挥员是如何做到的，布罗德本特设计了二重听觉听力测验——在耳机里同时播放两种不同的声音，其中一种声音进入左耳，另一种声音进入右耳，测验对象一次只能听其中一种声音。布罗德本特后来与另一个英国人科林·切利合作，后者曾提出"鸡尾酒会问题"，也就是在另外一个嘈杂、拥挤的环境——聚会中的注意力问题。在聚会上，你与A交谈，便无法察觉其他人的谈话内容。然而，如果B提到你的名字——他在谈论你，那么你的注意力就会马上转移到B身上。

布罗德本特根据所学开发了一个注意力模型。他提出，来自所有感官的所有认知在感官贮藏器里只能停留半秒。大脑的注意力只集中在一串知觉上（例如聚会上的一个声音），这串知觉会进入工作记忆。其他知觉来源（聚会上的其他声音）不会从感官贮藏器里跑出来，我们几乎意识不到它们的存在。然而，这种信息并不是真的被忽略了。当信息进入感官贮藏器时，潜意识会进行监控，如果有必要的话（例如有人在谈论你），潜意识还会将你的注意力转移到信息上。

65 反传统精神病学

苏格兰精神病学家隆纳·大卫·连恩的观点十分激进。 他认为，精神病学之前都搞错了——人们应该接受精神疾病的症状，而不是去抑制它们。

精神病学是医学的重要组成部分，精神病学家从根本上认为，精神疾病是因为大脑出现故障造成的。这明显是将问题简单化了，但是这种观

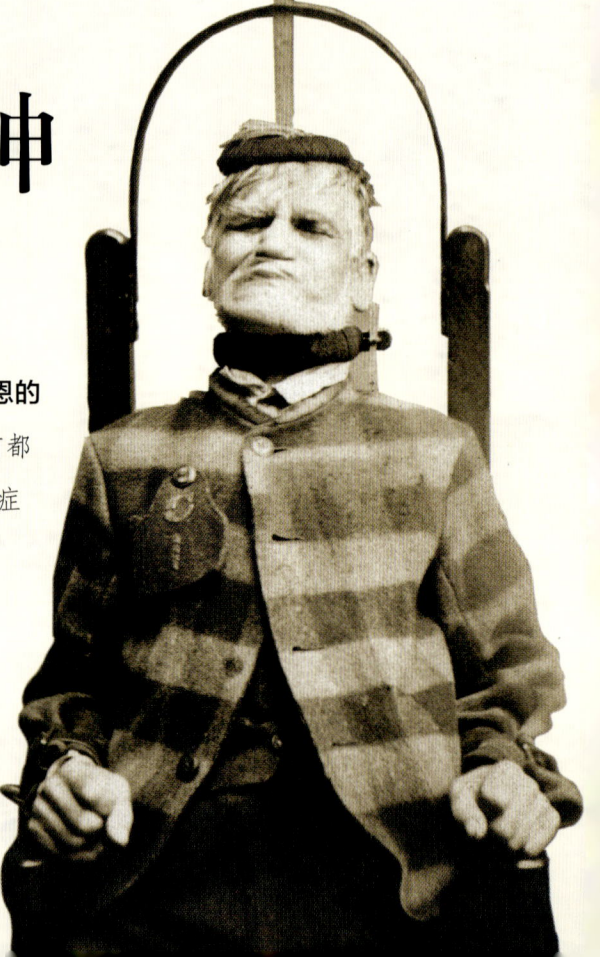

19世纪的一位精神病患者被捆绑起来，以免出现不受控制和无法预测的行为。

点意味着精神病医生能够用药物治疗精神疾病，而不像采用精神疗法的医生。不应运用药物治疗，只是隆纳·大卫·连恩的抱怨之一，他认为，整个精神病学疗法都是错误的，并将自己的观点称为"反传统精神病学"。

对立方法

在医学院就读时，连恩就学会了用测验来诊断身体疾病，同时观察症状。测验为检查身体系统哪个部位出现问题提供了线索。精神病医生也在做同样的事情：他们收集症状信息，接着根据病人的言行诊断疾病。精神病医生认为，症候能够提供精神系统问题的线索，但实际上，他们几乎或者完全不了解"精神系统"为何物。他们唯一能拍着胸脯得出的结论是：病人的行为变得不正常了。

抑制症状

疾病一旦得到诊断，精神病医生就会开处方，抑制狂躁、抑郁或妄想等症状。连恩辩称，行为症状只能用行为疗法治疗。虽然这些症状使病人痛苦，但是精神疾病的症状也可令大脑自愈，例如发烧和咳嗽是用来抵御流感的。连恩认为，用药物减少病症，使病人的治疗无法取得突破，无法让病人重回健康状态。

66 行为建模

1961年，阿尔波特·班杜拉让儿童和一个巨大而且几乎无法被破坏的充气玩偶共处一室。 他的目标是了解儿童是如何学习行为（特别是侵略行为）的。

班杜拉的研究被称为波波玩偶实验，无论你多么用力地推这个玩偶，它都不会倒下——这个性质将十分有用。

班杜拉的观点来自他对行为主义者学习行为的描述的批评。行为主义者认为，人们通过奖惩体系来学习行为。虽然这个观点适用于动物学习解决简单问题，但是班杜拉认为，儿童是通过另一种方式来学习行为的。他认为，儿童观察周围人的表现，在实际开始做出这些行为之前，首先在大脑中预演来学习，也就是想象自己在大脑中做出某个动作。

社会性学习

班杜拉的观点被称为社会学习理论，他试图在巨大的波波玩偶的帮助下测验这个理论。这个实验选用了72名3岁到6岁的儿童，男女各半。他们接着被随机分成三组，每组12男和12女。每个组的每个儿童都在同一间房间、用同样的玩偶单独接受测试，包括在众多玩具中摇晃的巨大的波波玩偶。第一组儿童是控制组，他们获准在固定的时间里在房间里玩。第二组儿童和成年人同时进入房间。成年人在离开房间之前，默默地玩了一会儿玩具。儿童在之后的规定时间才离开。第三组儿童与成年人一起玩了一阵子，这段时间里，成年人攻击波波玩偶，对它大喊大叫，用其他玩具打它，对它拳脚相加。接着，成年人离开房间，把儿童留在房间里。你能猜到结果是什么吗？班杜拉发现，控制组和看见非暴力成年人的第二组儿童，很少对波波玩偶或其他玩具进行攻击。作为对照组，第三组儿童在成年人离开房间之后，迅速开始攻击玩具，模仿成年人做出的同样行为。

波波玩偶就是用来被击打的。它的大部分重量位于弧形底部，因此重心很低。结果就是，如果你把它打翻，它总是会一次次站起来。

庞奇喜欢用他的大棍子打人——并不总是受到惩罚。这是儿童应该看的东西吗？

未来影响

现代人担心，屏幕中出现的暴

力行为可能会改变儿童的行为。班杜拉的简单实验为了解这一现象奠定了基础。波波玩偶实验及其他类似实验,确保儿童合法地被限制在电影和游戏中观看真实生活中的攻击行为,直到他们的年龄足够大,能够理解背景。然而,对立的研究表明,在荧屏上观看暴力行为,实际上会降低观看者的暴力行为。班杜拉的社会行为理论表明,与真实生活经历相比,在荧屏上看见的事物未能达到改变人们行为的效果。

67 "打开、调谐、退出"

蒂莫西·利里是位拥护"嬉皮士"非主流文化的心理学家。他为20世纪60年代新生活方式提供了科学基础,这种生活方式部分是由使用迷幻药造成的。

利里因警句"打开、调谐、退出"而出名,他忠告人们重新思考自己的生活方式。该警句的确造成影响,但是并不像利里所预想的那样(他自己因为非法持有大麻而入狱几年)。利里是这样描述该警句的:"'打开'表示进入内部,激活你的神经和基因装置。对很多不同水平的意识以及特定诱因保持敏感。药物是实验这一目的的一种方式。'调谐'意味着与周围的环境和谐互动——具体化、物质化,表达内心新的看法。'退出'表示主动、有选择性地、优雅地与非自愿、潜意识承诺相分离,意味着自力更生,发现自己的独特性、承诺保持流动性、做出选择和改变。遗憾的是,我对个人发展顺序的解释,通常被误解为'喝得烂醉,停止一切建设性活动'"。

在右图中,利里(坐在正中央)在舞台上至少可以表明,他的全美巡回演讲是非常规的。

68 福柯对人类的见解

心理学力图了解心理过程,调查研究显示,人的心理发展在很久以前就固定了。然而,有一个人想要知道人类的心理是否在发生改变。

20世纪60年代,人们已经了解到现代人类是地球的"新生物"。法国哲学家米歇尔·福柯想知道这会如何改变人们了解远古祖先的方式。1966年,福柯的著作《万物的秩序》探索了人类本性的起源,也就是人之所以为人的本质特征。与他之前的许多哲学家一样,福柯意识到,人类与周围环境连接的方式,是他们所处的特定时代的产物。他接着说,这个观点的推论是,我们对人类的基准——世界的解释不可能是早先存在的常量,而必定在整个历史中发生变化。

福柯这本书的副标题叫"人类科学考古学"。这个标题指的是,福柯认为,现

福柯提出,追溯观点的历史有望形成家庭树,并认为人类本性的观点只是从过去出现的很多分支的一种。

高贵的野蛮人

大约在福柯之前200年，让·雅克·卢梭（另一个法国人）将处于自然状态的人类视为"野蛮人"。这通常被错误地当作"高尚的野蛮人"。18世纪，殖民活动迅速扩展，欧洲人不断与新文化相碰撞，他们通常视这些新文化为野蛮文化，但是有时候仍然显得有尊严。然而，卢梭的观点被错译了——他实际上想要在原始人在被结构化社会弄得堕落之前，加入"自然美德"。

代人在不事先考察远古祖先思考背景的情况下，肯定无法了解他们的思考过程。福柯进一步指出，我们当今"人类"或"人类本性"的概念并不是我们的祖先（甚至是近代祖先）所认可的概念。反而，这是最近几百年才发明的概念。这个被"发明"出来的现代人类，既是研究对象，也是研究方法，我们的祖先及后代都将无法理解。因此，米歇尔·福柯提出，要使用"思想考古学"，我们必须找到证据，看人们在当时的环境下是如何思考的。

69 记忆痕迹

行为主义者表示，行为和心理过程之间没有联系，这给认知心理学家提出了一个挑战。但是，假如不存在这种联系的话，心理学就完全没意义。

激进行为主义者提出，学习不存在心理成分，有意识的决策是种错觉。很少人相信这种观点，但是为了反驳这种观点，科学家需要找出储存记忆力和知识的身体

埃里克·坎德尔由于其1965年的研究成果获得了2000年诺贝尔生理学或医学奖。

部位。虽然没有人知道这个部位是什么，但是记忆力所对应的身体部位已经有了名称——记忆痕迹。最先揭示这个假设实体的研究者之一是美国神经系统科学家卡尔·拉什利。他与谢波德·弗朗茨一道，揭示了大脑的可塑性。拉什利的研究表明，记忆痕迹不完全是存储在一个地方的，当大脑部分受到损害（切除部分大脑）时，大脑的其他部位仍然能够与剩余的记忆相连接，并且存储这些记忆。这就导致这样一个观念——记忆力存储在神经细胞分布式网络中。

一起活动

1949年，加拿大心理学家唐纳德·赫布提出了"记忆网络"的形成机制："一起活动的细胞，能够连接在一起。"换句话说，各种神经中重复的信号能够加强神经的连接。在学习某种新事物时，大脑建立了一个系统网络，形成记忆力。然而，直到20世纪60年代末期埃里克·坎德尔的工作开始之前，这些都停留在理论层面。在20世纪70年代的大部分时间里，在马里兰州的一所政府医学实验室里，坎德尔都在研究生命体内部神经细胞的化学活动。他们实验中采用的动物是海蛞蝓，实验团队的研究集中在海蛞蝓收缩鳃时的本能反应。坎德尔让海蛞蝓收缩鳃，同时观察活跃神经细胞里发生的化学反应。20世纪70年代早期，坎德尔已经揭示了海蛞蝓在"记忆"时神经细胞网络当中发生的化学变化。通过寻找身体和精神领域的连接，这项工作首次为赫布的学习理论提供了证据。

化学记忆

1950年代，两位科学家认为他们证明了记忆是作为化学成分存储在体内的。他们让扁形虫将强光与电击联系在一起，因此它们在看到光时，总会蜷缩回去。接着，他们将这些扁形虫切碎，用来喂其他更多的扁形虫。他们试图向人们展示，这些吃了同类的扁形虫能够更快学会回避光线——因为他们已经吞食了第一批虫。结果是不确定的。然而，在2013年，一项研究表明，扁形虫即使在头被砍掉，长出新头的时候，仍然能够记住之前的事情。

70 抑郁症测试

亚伦·贝克的工作标志着临床心理学的成熟。贝克为病人开发了科学测验,并应用测验结果开发正确疗法。听起来是个不错的主意?

尽管亚伦·贝克从耶鲁医学院毕业,并且在20世纪50年代的大部分时间受训成为一名精神分析师,但是他在第一次申请加入美国精神分析学会时,却遭到了拒绝。拒绝的理由是,贝克"从事科学研究的愿望表明,他此前一直在进行错误的分析"。换句话说,学会拒绝他加入,是因为他提出使用数据来调查和学习如何治疗精神疾病患者。

保守者

贝克的方法按照现代的看法虽然不是很有开创性,但是在20世纪60年代初期,却与精神分析的正统观点不一致。贝克曾诉苦称,一个理论战胜另一个理论,通常是建立在这个理论的创始人的名誉和名声基础之上的。一流精神分析师竭力护卫自己的观点,像对待个人攻击一样反对批评意见。贝克事后说道:"这有点像福音派运动。"人们很难收集不同疗法的结果信息,因此就很难比较哪种疗法奏效,哪种不奏效。

询问病人

贝克想为自己的研究找到可靠的科学依据,因此他开始评估抑郁症——其病人中最常见的疾病的心理疗法。根据他在受训时总结出的观点,抑郁症是由情绪受到压抑、强烈欲望没有得到满足造成的。然

亚伦·贝克是开发抑郁症和其他常见疾病量化测验的领军人物。

贝克抑郁量表

样题(括号中为分值)
(0)我不感到悲伤。
(1)我感到悲伤。
(2)我一直感到悲伤,不能自制。
(3)我太悲伤,无法忍受。

21个问题的总分
0~9:最低程度抑郁
10~18:轻度抑郁
19~29:中度抑郁
30~63:重度抑郁

遭到指责

大约在亚伦·贝克因治疗抑郁症而闻名的同时，一位名叫多萝西·罗维的奥地利精神治疗医师试图解释人们最初为何会变得抑郁。她表示，只有从根本上来说善良的人才会变得抑郁。罗维指出，人们之所以变得抑郁，是因为人们在成长过程中相信世界是公平的，如果人们好好表现的话，好事就会发生在自己身上。然而，总会有坏事发生，人们将这些坏事与坏行为的惩罚联系起来。结果就是，人们将厄运归咎于自己，这就是抑郁症的核心所在。

抑郁症患者可能会自问："这件事为何会发生在我身上？"他们开始认为自己活该，面对厄运，只好责备自己。因此，他们就陷入自己感觉到的负面情绪中。

罗维提出的解决方法是：要改变我们的世界观。我可以自由地认为，世界一点也不公平，坏事一直在发生。当坏事发生在我们身上时，我们在寻找原因时可以变得更加理性，责备我们无法控制的世界，而不是责备我们自己。

而，当他让病人自己描述病况时，他发现了一种能够提供不同解释的模式。

在通常情况下，病人都不看好他们自己，用带有负面情绪的话描述自己的行为和思想。贝克称这种现象为"自动思想"，他认为，这不仅是个问题，还是解决问题的障碍。

理性方法

贝克创建了一种治疗抑郁症的新疗法，让病人首先对自身的情形给出理性的评估，与情绪化的"自动思想"做出的评估进行对比。这是减轻痛苦的第一步，此后，病人不再像之前那样抑郁了。贝克的中心观点是，虽然抑郁症可能存在病因，但是真正的问题在于病人如何看待它，需要治疗的就是病人的看法。

贝克为抑郁症和其他常见疾病开发了一系列统计学测验，从而取得了早期突破。这些测验是大量的问卷，要求病人用0～3分来给一些问题评分。评分系统使得贝克可以评估病情的严重性。其中几项测验，包括贝克抑郁量表、贝克绝望量表和贝克焦虑量表至今仍在使用。

71 对立情绪

你当下正在想什么？这其实并不重要，重要的是，你一次只能想一件事。南非治疗师约瑟夫·沃尔普运用这一事实来治疗恐惧症和其他疾病。

心理治疗师一致同意，焦虑、恐惧症和其他神经类疾病是由过去的创伤导致的。西格蒙德·弗洛伊德等著名的心理治疗师认为，这些创伤被封锁在病人的潜意识里，因此，疗法必须专注于将创伤打开，一劳永逸地进行处理。约瑟夫·沃尔普认为，他可以用更简单的方法处理这些问题。

消极对积极

沃尔普曾接触过很多第二次世界大战中经受过心理创伤的士兵。他鼓励他们讲述自身的可怕经历，但是这种方法几乎无法阻止业已产生的负面情绪。沃尔普将创伤记忆和焦虑之间的自动连接视为一种经典调节，如果人们可以学会感到糟糕，那么他们同时也就能够学会感觉良好。沃尔普通过观察得出结论：一个人无法同时感受到两种情绪，因此，他采取的疗法是，训练病人在出现恐怖症或者创伤记忆时感受积极情绪。该疗法始于学习放松技巧——毕竟，人们无法同时感到焦虑和放松。接着，沃尔普鼓励病人对抗消极情绪来源，让病人学会一点点修复自己的行为，从而消极情绪就慢慢变成了积极情绪。

大约 1/3 的美国人害怕蜘蛛。沃尔普的疗法可以帮蜘蛛恐惧症患者面对自己的恐惧。

72 依恋理论

英国研究者约翰·鲍尔比花了20年时间观察婴儿和母亲之间的关系,以及缺乏这种关系所造成的影响。他有关这段最初也是最重要的人类关系的很多理论在当时十分了不起,至今仍然有重大的影响。

约翰·鲍尔比出生在一个大家庭,在六兄弟姐妹中排行第四。与他出生时(1907年)的很多英国富裕家庭的常见做法一样,他由保姆带大,在7岁时被送往寄宿学校就读。这也许解释了为什么他会毕生致力于研究儿童与父母之间的关系,以及这种关系脆弱或缩短所造成的影响了。

鲍尔比的研究工作表明,婴儿和父母之间建立牢固的依恋关系对其成年时期的心理健康至关重要。

原型关系

1950年,世界卫生组织邀请鲍尔比研究孤儿,以及第二次世界大战中与父母分离的孩子的心理健康状况。他的这项研究工作一直持续到20世纪60年代末期,而他在研究初期就发现,没有得到父母关爱的儿童,不大可能与其他儿童幸福地玩耍。鲍尔比后来拓展了自己的观点,他将人们在一两岁时与母亲建立的情感纽带叫原型关系。如果这种关系是牢固的依恋关系,那么这个人在成年后,就能够与其他人再创造这种关系。如果与母亲的依恋关系被剥夺,那么这个人就会饱受自尊心和自信心问题的折磨,一生中难以与人形成幸福和牢固的关系。

鲍尔比是位老派思想家,他认

为，牢固的依恋关系只可能存在于母亲和孩子之间。父亲的角色，是为家庭提供支持。后来的研究驳斥了他的观点——男人可以与女人一样体贴，但是牢固的依恋关系仍然有存在的意义。第二次世界大战后，孤儿和由其他人照料的儿童通常被放在高效而简陋的机构抚养，几乎没有与成年看护者一对一接触的机会。鲍尔比的依恋理论揭露了这种现象可能造成的终身伤害。

73 斯坦福实验

任何心理学研究的影响力都无法与菲利普·津巴多于1971年进行的研究相提并论。 这项研究不仅登上头条新闻，改编成很多电视剧和一部电影，还显示了我们所有人离成为怪物只有一步之遥。

研究从众、权力和服从的心理学是个迷人的课题。在工作日大部分时间里，人们都在贯彻其他人的指令。当不可避免的灾祸出现时，如事情方向错了、被中断，

实验结束后，"囚犯"刚从监狱出来时，菲利普·津巴多与他们交谈。斯坦福实验让津巴多树立起了心理学家的名声。他戴上墨镜，看起来前途一片光明。

或出现意料之外的效果，我们通常会感到自己是无辜的。我们只不过是听令行事罢了，出现坏结果，都是权威人物的指令造成的，因此，他们应该负责。津巴多的研究，就是为了在更极端的状况下测验这种观点：如果一个人拥有支配其他人的权力，他会表现得多么极端？

监狱背景

研究选取了24名男学生，随机平均分成两组，其中一组12人扮演狱卒，另外一组12人扮演囚犯。几天之后，在毫无征兆的情况下，12名囚犯被加州帕洛阿尔托市的警察在凌晨突击检查中逮捕。他们被当作真实的犯罪嫌疑人带到警察局，然后转交给监狱。所谓的"监狱"只不过是斯坦福大学心理学部所在地，因此，该实验通常被称为斯坦福监狱实验。囚犯一旦被监禁后，就受狱卒的控制。津巴多曾指示狱卒对囚犯进行光身搜查，给他们分配号码，而不再使用名字。囚犯想出监狱的话可以随时出去，但是脚踝上绑有镣铐，也就意味着他们缺乏自由。与此形成对比的是，狱卒身穿军队制服，配有手套、棍棒和哨子，总是戴一副眼镜，以免与囚犯产生眼神接触。

狱卒全天24小时对囚犯实行控制，津巴多和他的团队在闭路电视上观看将会发生什么情况。很快，狱卒就变得残暴起来。他们不再给囚犯食物和衣服，用有辱人格的游戏羞辱囚犯，通常还会用暴力威胁。几名囚犯由于遭到心理创伤而退出了实验，在第六天，津巴多取消了这项实验。幸运的是，没有一个被试遭受长期负面影响。津巴多得出的结论是，尽管我们自认为是正直的人，但是在特定的环境和压力下，任何人都有可能做出恶行。

斯德哥尔摩综合征

1973年，银行抢劫犯在瑞典斯德哥尔摩劫持了4名人质。在围攻结束后，人质拒绝指控绑匪。这种人质拥护绑匪的现象，后来被称为斯德哥尔摩综合征。这是由人质想要抵消绑匪造成的威胁所造成的结果。美国赫斯特媒体帝国的女继承人帕蒂·赫斯特（上图）是最著名的斯德哥尔摩综合征患者。她于1974年被革命分子绑架，后来却加入了绑匪组织，帮助他们抢劫银行。

1950—1980年 / 125

74 家庭疗法

弗吉尼亚·萨蒂亚如是说：人们可以选择自己的朋友，却无法选择自己的出身，无法离开教养。她试图通过观察一个人周围的人来了解一个人。

萨蒂亚的研究工作集中在家庭里出现的问题是如何影响家庭成员的性格的，也就是对他们今后心理健康造成的坏影响。萨蒂亚认为，机能失调家庭的成员不会忠实于自己内心的想法，不会向彼此展示爱意（当然，更不用提他们相互之间并没有很深的爱意）。为了补偿，每个家庭成员都采纳了某个特定角色，这些角色可能会压垮性格，导致后来的生活出现问题。萨蒂亚在技能失调家庭中发现5种基本角色："分散注意力者"会频繁转移注意力，以免家庭关注其最原始的情绪问题；"责备者"总是在解释到底是谁导致的问题，以及背后的原因；"计算机型人"可以记录重要的事件和交流，但是从不投入感情；"讨好型人格者"试图让所有人高兴；而唯一真诚的家庭成员则被萨蒂亚称为"平等主义者"。

家庭里的各种冲突不断产生并得到解决，会产生各种情绪。弗吉尼亚·萨蒂亚表示，只要人们足够真诚，承认彼此是多么相爱，这些情绪就没有什么问题。

75 记忆地图

虽然心理学家区分出短期"工作"记忆和长期记忆，但是直到20世纪70年代一位爱沙尼亚心理学家将长期记忆绘制出来之前，长期记忆仍然是个谜。

乔治·阿米蒂奇·米勒和唐纳德·布罗德本特发现了感官认知是如何形成记忆力，以及如何以工作记忆的形式出现的。大部分记忆在短短的几秒钟时间里都会消失，但是一些最重要的记忆却会形成长期记忆。1972年，一位在加拿大工作的爱沙尼亚人恩德尔·托尔文开发出一种理解大脑组织记忆的方式。

托尔文开发了一种名叫自由回忆的方法，他随机说出20个单词来测试被试，让他们尽可能多地回忆出来。大多数人只能回忆出不到一半，但是，当用简单的线索加以提示后，他们就能够多回忆出几个。通过这项研究，托尔文开始揭示人们记忆事物的模式。如果事物以某种方式连接起来，人们记忆起来就会容易得多。

记忆类型

一些记忆是潜意识的、包括对某个刺激的有条件反应以及程序记忆——通常是物理技能，如演奏乐器或开车。托尔文感兴趣的是需要有意识地回忆的陈述性记忆。他发现，大脑将记忆力分成两个主题。语义记忆存储有关世界的常识，而情景记忆则是一个人生活的记录，包括一个人做了什么、什么时候做的，以及当时的感受如何。托尔文假设，对概念加以区分，可以让大脑从普通线索中更加轻松地回忆特定的记忆。

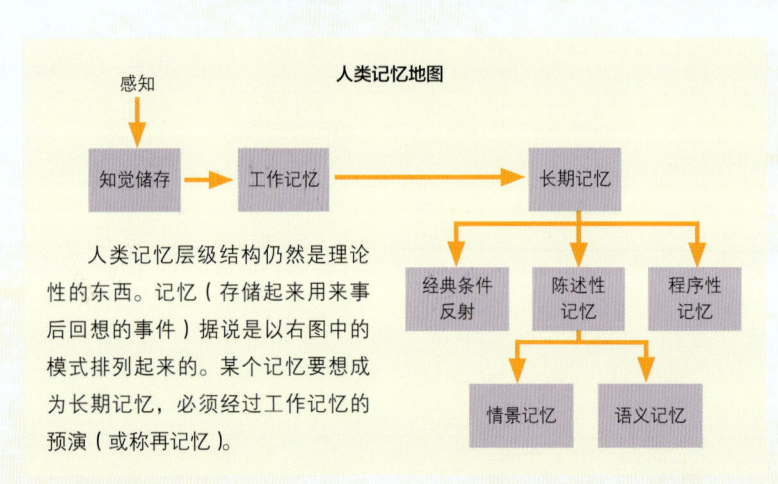

人类记忆地图

人类记忆层级结构仍然是理论性的东西。记忆（存储起来用来事后回想的事件）据说是以右图中的模式排列起来的。某个记忆要想成为长期记忆，必须经过工作记忆的预演（或称再记忆）。

情绪回忆

大约在恩德尔·托尔文绘制记忆库的同时，斯坦福一位名叫戈登·鲍尔的心理学家指出，记忆回忆与情绪之间存在强大关联。如果某个记忆在你情绪好的时候形成，那么你在类似的情形中更容易回忆起来。同样地，在糟糕时刻形成的糟糕记忆，在你情绪低落时，会显得更加真实。情景记忆尤其与鲍尔所谓的"情绪协调加工"相关联。

76 索德实验：谁才是理智的？

想象一下自己被关进一家精神病院里，因为医生说你患有严重的精神病，那么你会如何说服他们放你出去？1973年，一个研究团队决定寻找答案，而研究结果揭示了精神病诊断中存在的一个重大问题。

这项研究的首席研究员是斯坦福大学教授大卫·罗森汉恩。他曾受到反精神病学家隆纳·大卫·连恩的启发。连恩称，因为精神病学是物理医学的分支，因此，它采用的是完全错误的方式治疗精神病。

罗森汉恩集结了其他7位研究者组成一个研究团队，以查明精神病学家的错误有多严重。每个研究者的工作就是试图被精神病医院收治。他们在全美国各家

参加索德实验的假冒病人汇报每家精神病院是如何让他们丧失人性，让他们感到无助的。

医院提供自己的假名，都对听声音感到抱怨。这些声音说的是什么内容几乎无法听清，但是每个人都表示听到了同样的词：索德。8个"假冒病人"都被医院收治，在接下来的几年里，他们当中除了一个人，其余都被诊断出患有精神分裂症。

在体系当中

每名研究者都对自己的收治情况进行记录，通常在医务人员的视野范围之内。该行为尽管在科学研究中完全正常，但是在医务人员眼里，却成了变态心理学的证据。第一个假冒病人在7天后被释放，而大部分假冒病人都在医院里待了超过两周时间，罗森汉恩本人花了将近两个月才被释放。在医院的时候，研究者平均每天花7分钟与医务人员在一起。在某些情况下，医院的其他病人意识到研究者是在装病，但是医务人员没有一个人注意到这一点。最终，这些假冒病人不得不承认自己患有精神病（但是有所好转），才被允许出院。

罗森汉恩发表了研究结果后，精神病学界向他发出挑战，让他再做一次实验。医院收到警告，称至少有一个假冒者试图欺骗医院。在收治的193人中，精神病学家识别出其中的23人为假病人。但是，罗森汉恩第二次实际上一个假冒者也没用。

77 启发法

思考能力造就了我们。这是确定的，但是，似乎我们的思考部分很少对任何事情感到确定。 当谈到做决策时，我们很难全面思考，只会采用经验法则或者凭直觉。

认知心理学家假设，在所有事实前提下，人们通过权衡出现不同结果的可能性来做出理性的决策，并根据决策行动。然而，1974年，丹尼尔·卡尼曼和阿莫斯·特维尔斯基这对研究搭档向人们展示，人类作为理性的动物，在做决策时一点也不理性。我们依靠认知捷径或者启发法做决策，而且由于我们所依赖的信息存在偏见，我们经常会做出错误决策。

系统1和系统2

他们两人识别出两种思考方式。系统1是快速思考模式，或多或少是自动、潜意识的。它是由刻板印象以及情绪所指引的，适合思考简单且不断重复的任务，如做基本的算术题、识别某个人的情绪状态、寻找声音来源，或者判断某个物体的距离。系统2思考模式需要花费更多时间和精力，因为它是推理和深思熟虑的结果。它使得我们可以处理一些不太常见的问题，例如比较两件相似物品的优点，或者长时间将注意力集中在某件事或者某个人身上。

运用系统1解决问题，与运用系统2解决问题可能得到完全不同的答案。系统1节省时间，但是如果问题比较复杂或者新颖，系统就会经常得出错误回答。

认知偏见

系统一运用我们已知的或者我们认为自己知道的信息，从而节省决策时间——之所以会出现错误，是因为我们依赖天生就可能偏向错误假设的捷径。很多这类认知偏见都被识别出来了。锚定效应就是：我们以我们看到的第一件事的答案为依据。因此，当被要求回答一项复杂运算时，如果刚开始出现一个大数字，我们就会给出一个大数字，而如果刚开始出现一个小数字，我们也倾向给出一个小数字。这种认知偏见迫使我们根据最容易想起的内容做决策。教材中的

小心，认知偏见无处不在！举几个例子，从众效应会使我们跟其他人做同样的事情。而聚类效应是指人们过分强调类似事物随机聚类的重要性。确认偏见使我们认为真实答案与我们的偏见相匹配。鸵鸟效应的意思也许是不言而喻的——我们将脑袋埋进沙子里，忽视明显存在的问题。然而，鸵鸟根本不会将头埋进沙子里。

一些认知偏见：锚定效应、过度自信偏见、结果偏见、刻板印象、鸵鸟效应、信息偏见、集群错觉、确认偏见、从众效应、可得性启发法

例子是：（A）单词以k开头和（B）k作为单词的第三个字母，哪个更为常见？想出以k开头的单词要容易得多——它们要比k位于第三位的单词更容易找到，因此，人们更可能选择A。（提示：正确答案是B）

过度自信偏见，就是我们更相信自己的预感，而不是其他人的预感。尽管我们对某件事并不是100%确定，但是我们自信地认为自己是正确的。实际上，在大约一半情况下，我们都是错误的。还比如，当我们认为信息越多，越有利于做出结论时，就会出现信息偏见。情况并不总是这样，多余的信息最终会阻碍我们进行清晰的思考。说到这里，我们似乎可以结束这个话题了。

78 天才问题

汉斯·艾森克是第二次世界大战后的一位英国心理学家，他的研究兴趣在于，性格是如何组成的。 他在寻找校准性格的方式，以便在对性格进行比较和对照时发现，精神病患者和天才具有很多共同特征。

艾森克从希波克拉底的四体液说和古希腊医学中吸取灵感，将个性的组成成分按照特征分成四类。四组被两条轴线或者超级因素划分开来。第一个超级因素是神经质。神经质水平过高的人，更容易出现情绪波动、焦虑和坐立不安等状况。与此形成对照的是，神经质水平低的人沉着而精力充沛。第二个超级因素是内向性和外向性量度。艾森克认为，内向型的人情绪过度激昂，渴望和平和安静，而外向型的人则追求刺激。

对于健康者来说，这个体系运作良好，但是当艾森克试图将这个体系用于精神病患者时，他就不得不添加第三个维度，也就是他所谓的精神质。它模仿的是精神病患者的思考方式，例如，精神质水平高的人通常反社会、以自我为中心。当然，并不是每个精神质水平高的人都犯有精神病，艾森克注意到，具有创造力的天才通常精神质水平很高。他提出理论，认为创造力要求"过度包容性"思考，即人们扫描记忆力，寻找问题的答案，并且寻找很多可能的解决方案。然而，在其他情境中，过度包容性思考则会导致精神病症状。

79 当记忆让我们失望时

1982年，美国心理学家丹尼尔·夏克特揭示了大脑在记录和回忆时是如何容易犯错的。 结论是，学会忘记是形成好记忆力的重要条件。

夏克特的记忆研究工作开始是在恩德尔·托尔文的指导下进行的，后者第一次绘制出了记忆组织结构图。该结构图是通过短期记忆的过滤，进入长期记忆的相关重要信息制定的。

记忆七宗罪

夏克特明确指出记忆力让我们失望的七宗罪。第一宗罪是心不在焉，例如将钥匙放错位置。该责备的是我们自己：我们并没有太关注到底把钥匙放在了哪个位

记忆七宗罪使我们变得容易犯错误，同时也变得有趣。想象一下从不记错事情，总是知道事实，从不忘记重要的事情，这会多么无趣！

记忆七宗罪

| 心不在焉 | 稍纵即逝 | 阻塞 |

| 张冠李戴 | 暗示感受性 | 偏见 | 固执 |

置，因此现在我们记不住。第二宗罪是稍纵即逝：与新记忆相比，旧记忆很快就会变得不太清楚。我们每次回忆某种记忆，都必须重新记住它，而每次都会改变和简化这种记忆。与前两宗罪相似，第三宗罪也是一种省略罪：阻塞，也就是我们无法回忆起某个事实，因为回忆起的是另一个记忆——我们实际想要知道的事实却停留在"舌尖上"。

张冠李戴罪指的是把某个记忆归错档案，因此，当我们回忆起这个记忆时，它就会与某些从未发生的事情联系起来。暗示感受性起到同样的作用，我们陷入诡计，将某个记忆与错误的事情联系起来。偏见罪扭曲我们的记忆，将记忆与我们对某个事件的观点和强烈情绪匹配起来。最后，第七宗罪能造成最严重的问题——固执罪指的是我们无论多努力，都无法忘记某个记忆。

80 自我认同

与前辈约翰·洛克一样，英国哲学家德里克·帕菲特想知道一个人的自我认同是基于身体还是心理的。他设计了一种自己本人可以实现的方法来寻找答案。

德里克·帕菲特在1984年的书《原因及人》中写道："我们的生命像是一条玻璃隧道，每年都移动得更快，在隧道的尽头是无尽的黑暗。当我们改变视角后，玻璃隧道的墙壁却消失了，如今我们生活在了户外。"

洛克曾辩称，给予一个人自我认同的心理世界，完全是这个人经验的产物。由于这是个累积的过程，新经验会修改我们的欲望和信念，也就意味着我们的自我认同一直在发生改变。洛克可能受到同时期英国人托马斯·霍布斯的影响，后者提出了一个名为"提修斯战舰"的谜题。希腊英雄提修斯需要维修战舰，旧夹板、旧绳索和旧帆布都被扯下来，新的一套被安装上去。战舰太老了，每个原始部件都被移除和替换了。同时，另一位造船工人将旧材料收集起来,重新组装成一艘完整的战舰。

1984年,德里克·帕菲特在《原因及人》一书中尝试了一种新方式来调查这个问题。他想知道是什么构成了自我认同——是身体、心理,还是身心一起?如果我们可以将自己的全部记忆都替换,那么我们还是跟以前一样的人吗?他想象出一种心灵传动装置,能将身体转换成数据,接着使用数据在别的地方(例如火星)将同样的身体重新安装成形。但是机器出现了故障,两个版本的火星探险家出现在火星上。他们两人都有同样的自我认同吗,还是他们是不同的人?他们两人都拥有原始探险家的记忆,对自我认同具有同样的要求,但是自从他们成形后,两人过着不同的生活,因此不再是相同的。帕菲特以此为证据,认为自我认同只存在于当下。任何与过去连接起来的自我认同,都只是我们占支配地位、对未来生活渴望的产物。为了生存和繁荣,我们必须参考记忆和经验,制造一种对连续性的错误信念。

另一个

针对自我感知的来源,法国精神分析学家雅克·拉康进行了不同寻常的描述。当时的一般观点是,潜意识对我们进行控制。然而,拉康却有着不同的看法。他说,我们独特的自我感知不是来自大脑中看不见的潜意识,而是来自周围的环境。换句话说,也就是宇宙中任何其他事物。拉康将这个实体称为"另一个"。

跟洛克一样,拉康认为,人类刚出生时,大脑是一片空白的。并且,我们所知道的一切都来自我们学会理解"另一个"。拉康指出,潜意识大脑不停地加工"另一个",自我作为"另一个"的对比而存在。

拉康说,我们看待自己的方式来自这样一个事实:我们的大脑是唯一与宇宙其他地方分开的事物,因此,其他所有人看待我们的方式只不过是"另一个"的组成部分罢了。

81 强迫与着迷

精神分析被证明在治疗强迫性神经症方面是无效的。认知疗法中更新的治疗手段更加有效,并且帮助我们了解了问题所在。

20世纪80年代,认知革命显示出了它的真正实力。在这之前20年,临床心理学家已经开始与传统心理疗法分离,后者认为潜意识是精神疾病的源头。而由艾伯特·埃利斯和亚伦·贝克所倡导的认知疗法,却关注的是病人的有意识思想。这种方法不但直截了当,而且更容易量化,最重要的是,它似乎很奏效!最早的成功案例是治疗强迫性神经症。

侵入的想法

我们都会不时地出现糟糕的想法,例如,我们将死于一场可怕的疾病。健康的人只会忽略这些想法,认为这是非理性的恐惧。然而,强迫性神经症患者却无法避开这些想法,这些想法会持续折磨他们的心灵。不难理解,这会让他们更加焦虑。

为了对抗有害思想的威胁,强迫性神经症患者认为必须采取实际行动。应对致命疾病的恐惧,一个明显的答案是洗手(通常充满仪式感),以抵挡一直担心的危险。对于强迫性神经症患者而言,这样充满仪式感的行为表示他们努力行动来阻止问题的发生,从而排除侵入的想法——至少能排除一会儿。这种处理策略可能会占据很多时间。

强迫性神经症患者被困在由想法、情绪和行为组成的怪圈里。

强迫性想法 → 焦虑 → 强迫性行为 → 暂时宽慰 → (循环)

理性回答

认知疗法帮助患者以更理性的方式了解自己的想法和行为。它帮助患者看到,强迫性恐惧带来的威胁并不像他们想象中那么大，而且强迫行为只能起到阻挡想法的作用，并不是一项合理的预防措施。

82 感观数据

你现在看到、听到的是什么？我们一定会认为，我们看到、听到的是一部实时上映的关于周围世界的电影。错！20世纪80年代末，认知科学家罗杰·谢波德发现，我们的知觉很大一部分竟然都是编造出来的！

我们有关世界的知觉是由感官数据创造的内部信息——来自眼睛、耳朵和其他感官的源源不断的信号。谢波德采用以不同方式旋转的三维物体来做实验。测验对象可以按照同样的方位在大脑中操纵这些图像，将这些形象视觉化。这让谢波德明白，大脑不是仅对接收的感官数据进行回放，而是对数据进行解释，以更新大脑内部的世界模型。我们的知觉实际上是由外部感官数据引导的幻觉！

图中显示的四张照片是同样的门。从外部来看，它们具有不同的几何形状，但是我们的内部视觉将它们视为同样的物体。

83 自我肯定

从各方面来讲，心理学每天都在进步。为此，我们必须感谢的一个人是克劳德·斯蒂尔，他证实了我们要想提升自己的自尊，只要告诉自己这么做就行了。

这种方法听起来太简单了，不像是真的，可能会被看作专为受骗者和绝望者所准备的事情。但它真的奏效。对自己重复一项有益健康的主张，比如"我身体健康，头脑聪明，内心平静"或者其他强调自己个人特质的方法，的确会让你自我感觉更加良好。据透露，这是一种真实的方法，在20世纪80年代末被克劳德·斯蒂尔作为一种简单的疗法推广。斯蒂尔是一名社会心理学家，他在成瘾方面的研究工作为他研究自我肯定以及在帮助上瘾者戒除坏习惯方面起到了积极作用。告诉你自己，你是个善良、有能力、自信、备受敬仰的人之所以奏效，是因为存在一种天生的内驱力保护自我形象。我们都认为自己是好人，会做好事。自我肯定的口头禅满足这种需求，使我们的自我感知更加坚定，更能够回绝对我们正直品行造成的任何威胁，而在过去，这些威胁可能是无法控制的。

84 广告为何起作用？

我们可能会认为自己不受广告的影响（我的意思是，我知道自己是不受影响的），但是广告的确起作用。有深层原因表明我们为何更喜欢熟悉的事物，拒绝对社会具有深远影响的陌生事物。

在整个心理学历史中，一直有很多线索表明，我们就是更喜欢自己熟悉的事

1980年至今 / 137

虚幻真相效应

1977年，来自费城几所大学的三位心理学家证明了某种让人担忧的观点：事实重复的次数越多，人们就更有可能认为它是真的。熟悉的观点之前曾进行过多次加工，因此要比新概念更容易快速处理。在判断某件事是否为真时，人们会调用情绪和智力。如果事实与他们的信念相符合，那么人们就更有可能认为它是对的，而不是错的。这种现象被称为虚幻真相效应。

物，而对陌生的事物保持警惕。该领域的领军人物是美国研究者罗伯特·扎荣茨，他从20世纪60年代末开始，花了20年时间研究这个现象。他最早开展的实验之一是，在短时间内快速闪现简单的符号——速度太快，以致测验对象都无法看清楚。当测试者让测验对象按照喜欢的程度对一些符号进行排序时，测验对象更喜欢那些在实验中看见次数最多的符号。因此，我们喜欢熟悉的事物，既是潜意识的，又是有意识的。

不断进化的理论

扎荣茨将该现象称为临近效应，意思是，你越靠近某件事，就会越喜欢它。熟悉度是由最基本、最原始的思考方式引起的：一件新物品会遭到怀疑，因为我们不知道它是否存在危险。你看见它的次数越多，而且它没有造成伤害，你就会越信任它，可能最终会喜欢上它。

广告的中心目的是让我们熟悉产品，因此在买东西时，我们就会选择自己最为熟悉的产品。

社会后果

广告依赖于我们对熟悉事物的喜爱,以建立品牌忠诚度。当面对一些价格类似的产品时,我们总是会倾向于选择自己更为熟悉的产品——这就是从看广告开始的。然而,广告主十分清楚,他们不仅用广告图像将我们淹没,而是还有更多技能可以施展。他们既传达价格交易和产品信息,又鼓励我们做出冲动的系统1决定买什么、什么时候买(详见第128~129页)。

扎荣茨的临近效应揭示了我们社会的其他状况,我们对社会的了解很大部分来自大众传播媒体。在媒体中出现的人为人们所熟知和喜爱,而不同与此的人——不同性别、性偏好、种族的人或残疾人,就不为人所知,令人害怕。

女权主义者表示,女性之所以在工作场合得不到重用,部分是因为强势女性不常见,因此受到质疑。

85 心流 = 幸福

心理疗法不仅是要减少痛苦，还要让我们变得更加幸福。幸福仅是不再抑郁或焦虑，还是它本身就是一种感觉？

你上次真正感到幸福是在什么时候？我希望是最近，甚至可能是现在！匈牙利裔美国心理学家米哈里·契克森米哈赖发现，人们在做自己热爱的事情，例如读书时，感到最满足。类似的其他例子可能是做运动、演奏音乐，或者做自己热爱的工作。人们报告称，做自己喜欢的事情，并且把它做好，能让他们失去自我感知，进入一种思想和行为自动出现、毫不费力的状态。契克森米哈赖将这种状态称为"心流"，并将它比作古代的狂喜，按照古希腊语直译也就是"置身自我之外"的意思。那么，该如何找到心流的感觉呢？契克森米哈赖的建议是，找到一项与你的技能组合相匹配、你能完成但是会拓展你技能的挑战——不会让你担心，但是足够避免厌倦。

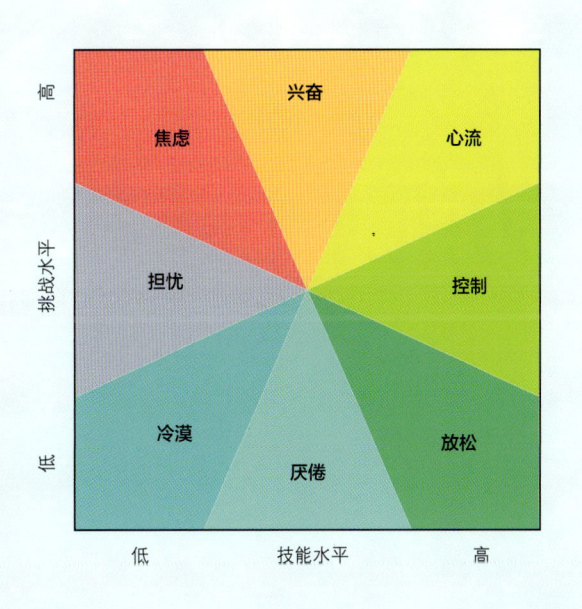

契克森米哈赖的心理状态图展示了心流是这样一种感觉——我们感到一直在遭遇挑战，但同时也在运用自己的技能。

86 正念

佛教僧侣的冥想历史已有上千年，直到20世纪90年代，心理学家才证明冥想是一种治疗焦虑及其他心理疾病的有效疗法。

20世纪70年代末，美国心理学家乔恩·卡巴金在接触冥想后，开始研究受东方哲学启发的疗法的疗效。与数百万其他接触冥想的人一样，他学会了观察自己的想法和身体的感觉。关键步骤是要留意自己的想法和感觉，而永远不要做出判断和反应，这样就能产生镇定感。

卡巴金开始将一种冥想加入他所谓的基于正念的减压疗法。在接下来的十年里，他向人们展示，该疗法的确对减少压力、焦虑、疼痛和其他身体与心理不适产生了积极的影响。

> 正念在我们的想法和自我感知之间进行了一次暂停。这次暂停能阻止消极想法增加，避免负面想法产生消极情绪。

87 功能性磁共振成像

心理学是一门研究心理过程的学科，1992年，医学研究者开发了一套体系来观察人们是如何思考的。

功能性磁共振成像能够实时显示大脑内部的活动，它是一件极为宝贵的连接大脑物理行为和心理现象的工具。磁共振成像采用一股强大的磁场让体内的氢原子排

1980年至今 / 141

左边大脑彩超中的红色区域显示出大脑细胞在何处使用氧气。

成队，接着用无线电波将这些原子晃动起来。这样的话，氢原子就会发出无线电波回声，这些回声就是用来制作详细图像的。

功能性磁共振成像能够区分充满氧气和没有氧气的血液。大脑细胞无法存储能量，因此，它们在工作时，就需要从血管中获取氧气。功能性磁共振成像能够突出这个过程发生的区域，点亮大脑中当时处于活跃状态的部位。逐渐地，功能性磁共振成像就能帮助人们揭开大脑中各个拼接起来的令人眼花缭乱的区域是如何工作的。

88 六种基本情绪

弗洛伊德、荣格以及其他伟大的精神分析师认为，我们对食物、性和生存的基本驱动力共同支撑起了我们的行为——没有任何事物能够长期阻碍这些驱动力。然而，保罗·艾克曼并不这么认为。他研究了人类情绪的本质，认为人类情绪与动物性欲望同样强大，甚至更加强大。

作为一位精神分析师，艾克曼习惯了处理情绪。他曾受教诲，将情绪视为一种潜在情形体现出的症状，但是他内心的科学家精神驱使他进行深入了解。

普遍影响

他的第一项调查是，核实普遍情绪是如何产生的。他四处旅行，测试对象既有来自现

你只需要六种表情包：愤怒、厌恶、恐惧、快乐、悲伤和惊讶。

代都市，也有来自原始部落的。他发现，面对同样的基本情绪——恐惧、愤怒、厌恶、惊讶、快乐和悲伤时，人们表现出的都是同样的面部表情。

公开

艾克曼还发现，甚至在尚未感觉到任何特定的情绪时，我们就能够潜意识地做出这些面部表情。无论如何尝试，我们都无法隐藏自己的感觉。艾克曼提出了一个有用的概念——"微表情"，也就是短暂而潜意识的情绪闪现。

这些发现促使艾克曼提出，情绪在我们心理中运作的深度要比我们曾经所认为的深得多。他反对弗洛伊德提出的人类行为是由动物欲望驱使的理论，认为情绪可以推翻这些欲望。例如，厌恶感使你不再感到饥饿，而恐惧让你不再渴望性欲。

脱离我们的掌控

人类的基本情绪，无论单独出现还是一起出现，都是一股难以控制的强大力量。艾克曼认为，情绪失控会导致精神疾病，一种负面情绪导致另外一种负面情绪，从而创造出一拨又一拨不连贯情绪。

89 超心理学

自从有心理学以来，人类就开始研究超心理学，如心灵感应和预知未来的能力等超自然现象。 然而，研究者所做的所有工作，只证明了超自然现象不存在。1994年，一位神经科学家找到一种方式，让人们相信存在超自然现象。

"超"的意思是"除……以外"或者"超出"，因此，超心理学研究的就是超越心理学范畴的内容。在过去的一个世纪里，一些研究项目不断声称找到了证据，能够证明世界上存在心灵感应、超自然力量和用心灵的力量移动物体的能力。然而，

1980年至今 / 143

当这些研究在严格的实验条件下重复进行时，每个"发现"（到目前为止）都暴露出缺陷。

1994年，美国的一位名叫迈克尔·波辛格的研究者宣布，他发现将磁场引导至人的颞叶中，就能创建超自然现象。波辛格主张，颞叶共同作用能够创建自我感知。当有磁场干扰时，左颞叶和右颞叶就会相互独立，创建两种身份———一种被视为"自我"，另一个被当作神秘的"其他"。

这项实验在10年之后由一些独立研究者重复进行，他们通常无法得到相同的效果。他们的结论是，波辛格的实验对象知道实验的目标，太想要展示其理论是正确的。最近的研究也将额叶与自我感知联系起来，而不是与颞叶联系起来。

一个世纪以前，降神会（séance）是一项严肃的活动，人们确信科学在将来某一天会连接超越我们自身的领域。

90 钟形曲线

1994年，有一本心理学著作打算将智力与财富、社会成功联系起来。这本名为《钟形曲线》的著作引起的争议，至今仍然没有停止。

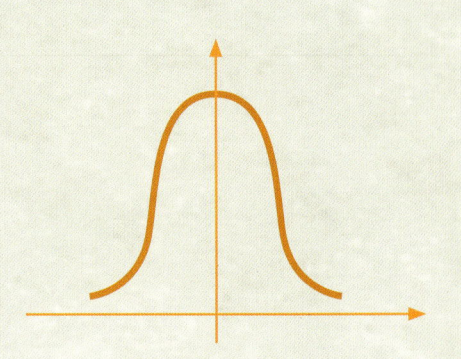

《钟形曲线》书名指的是正态分布图的形状，参考的是某个群体（在这里特指的是美国）智商显示的智力的自然分布状况。本书的作者理查德·J.赫恩斯坦（在书出版前逝世）和查尔斯·莫里断言，一个人的智商不仅受先天教养的影响，还会受到父母智力的影响。智商还能预示一个人的前途——他们是否会变成富翁、罪犯等，而且预测效果要胜过比较他们父母的财富和地位的效果。这一事实就导致了一个惊人的观点：人们通常与智力相当的人结婚。这意味着社会上有一批社会精英和富人，世世代代占据主导地位，是一件很自然的事情。

钟形曲线图显示，平均特征要比极端特征更加常见，在智商、身高或鞋码等连续变量中都适用。

91 创伤后应激障碍

威胁生命的事件——最明显的是在战争中——会留下印记。有很多名称来表示这类事件造成的影响，直到1994年，治疗师将名称确定为"创伤后应激障碍"。

战斗对士兵造成持续心理影响的报道，可以追溯至古希腊时期。在20世纪两次世界大战中，这种影响被称为"炮弹休克"和"战斗应激反应"，但出现问题的不只是士兵。遭到袭击者或者事故受害者也会出现这类症状。1994年，该状况被命名为创伤后应激障碍。症状多变而持久，但是在创伤事件发生后多年可能都不会出现。患者会回避谈论或者回想事件，但是生动的回忆侵入他们的大脑时，将创造出"闪回画面"，迫使人们再度体验事件中的情绪。并不是每个人都会发展成创伤后应激障碍，在创伤发生后立即进行心理咨询会降低患病的概率。

第一次世界大战中出现炮弹休克的士兵有时候被指责为懦夫。

92 错误记忆

伊丽莎白·洛夫特斯是一位专注于长期记忆研究的认知心理学家，她发现，我们能记住的内容取决于我们如何回忆事件。她专注于研究法庭证词，得出了一个令人吃惊同时又极具争议的启示：我们能形成错误记忆，真正相信从未发生过的事情。

20世纪70年代初期，洛夫特斯开始从事记忆研究。她想知道记忆的内容是否会被回忆的方式改变。在一项著名的研究中，她让测验对象观看一场有关车祸的电影。她接着针对他们看到的内容进行提问。其中一个问题是预测车速。她用不同的方式问问题，用"碰撞"或"猛烈撞击"等词汇描述车祸现场。那些听到问题中含有"发生碰撞的车"的测验对象给出的车速估计，要低于那些听到问题中含有"猛烈撞击的车"的测验对象。测验对象想要取悦访谈者，因此根据问题中包含的内在情绪进行回应。洛夫特斯成为一名专家级目击者，被要求衡量证据的准确性。这样，她无意中得出一项更加惊人的发现。

接收的记忆

在重型案件的审判中，目击证人的证词需要回忆很久以前发生的事件，洛夫特斯对这些证词持怀疑态度。很多证词都是运用催眠术或者其他治疗方法进行"恢复"的。洛夫特斯不相信这些证词。1995年，她在自己的一项名为"迷失在商场"的研究中重复了该场景。成年测试对象被告知童年时期发生的四个故事，由父母和看护者提供故事细节。然而，只有三个故事是真的。第四个故事讲给了所有测试对象，故事是完全一样的，讲的是在商场里走丢的事情。虽然这个故事是编造的，但是接近80%的测试对象从四个选项中选择它，认为它是长久记忆。在评审重型案件时，洛夫特斯的"错误记忆综合征"在法律圈引起了一阵恐慌，如今，目击者证词的收集和分析方式更加谨慎。

人们认为错误记忆感觉是完全真实的，并且由衷地相信，但它是在事件发生后很久，经过其他人的建议才进入记忆的。

93 意识难题

研究意识，也就是研究什么造就了人类。然而，我们的意识当中有一些方面太个人化了，几乎无法科学地进行研究。

意识的难题是由奥地利哲学家大卫·查尔莫斯1996年提出来的。他采用脑死亡的"僵尸"来阐述自己的观点。查尔莫斯的僵尸具有肉体但是没有意识，当你与它互动时，它与其他人表现得一样。如果你们撞在了一起，也许是撞到了头，你和僵尸都会揉头，并说"哎哟！"你感到疼痛，认为对方同样也能感到疼痛。然而，你

1980年至今 / 147

没有证据证明，实际上，僵尸不具备心理过程。这个思想实验提出的质疑是，我们是否能够核实组成我们意识的内在感觉与其他人的感觉一样。这些私人特质，例如颜色、气味和痛感，被称为特性。我们都认为树叶是绿色的，但这并不意味着绿色的特性总是一样的，而僵尸根本不具备特性。

反射性一元论

柏拉图、苏格拉底和其他古代思想家认为，人是由两种材料——身体和灵魂组成的。这个观点被称为"二元论"。相比之下，一元论认为，所有事物都是由一种材料组成的。2009年，一元论被马克斯·威尔曼斯更新成一个现代观点，称为反射性一元论。该观点认为，假如物质形成物体，那么就会出现意识，或者物理结构中就会出现心理结构。因此，意识是身体的一种体验，而不仅仅是一个物理过程。

如果我们可以进入其他人的大脑，那么我们可能会发现，他们大脑中代表"绿色"的特性可能与我们的"紫色"特性相同。

94 镜像神经元

在每次想法和行动当中，神经元（神经细胞）都在背后连续不断地工作。镜像神经元可能在你的大脑和我的大脑之间建立一种连接。

镜像神经元是一种在你做出某个特定行为时才会工作的神经细胞。这再正常不过了。但是，当你发现其他人做出同样的动作时，你相应的神经元也会工作。因此，往小处说，观察者和被观察者都能感受到同样的事物。自从1997年发现镜像神经元以来，人们对镜像神经元的目的的争论从未停止过。认知心理学家辩称，他们

体育迷在自己支持的队伍获胜后显得兴高采烈，部分是因为镜像神经元在起作用。

曾经提出这样的观点：我们要学会理解，我们大脑中的想法与其他人是不同的。镜像神经元在我们产生共鸣时也可能出现。当然，具有镜像神经元的不仅是人类，一些认知功能较低的动物也可能用镜像神经元来评估其他动物的行为。

95 社会和谐

威廉姆·格拉塞尔治疗精神疾病时采取的特立独行的方法被称为选择理论。 他认为，所有的精神状态和情绪，无论是健康的还是不健康的，都是连续体。良好的精神健康状况是选择用正确方式生活的结果。

格拉塞尔是一名精神病学家，他不认可当时精神病学家治疗精神疾病的方法。他拒绝使用药物治疗，因为他与反传统精神病学的创始人连恩一样，将心理疾病当作一种行为疾病，而不是身体疾病。格拉塞尔反而关注认知疗法，花了大约30年时间开发后来所谓的选择理论。该理论认为，我们的行为都是为了减少痛苦，提升愉悦感。为了做到这一点，我们会管理自己的生存、权利、自由、乐趣和爱的需求。我们所做的任何事，只要满足了其中一两项需求，就会让我们感到愉快。我们几乎所有的行为都是自愿的，因此，如果我们选择好好表现，就会变得快乐。

格拉塞尔辩称，我们之所以不幸福，在很大程度上是糟糕的人际关系导致的，而不是大脑中化学成分不平衡导致的。

96 模糊厌恶

你是喜欢冒险，还是谨小慎微？无论是哪一种，你都可能因为心理学而错过几个容易抓取的机会。2001年，研究者发现，人类在理解不确定性时存在困难，模糊厌恶造成了一系列问题和错误决策。

风险厌恶和模糊厌恶不是一回事。风险厌恶的人会避开成功可能性低、他们认为回报不足的情形，即风险规避。模糊厌恶指的是人们更愿意承担已知风险，而不是未知风险，即使已知风险可能比未知风险高。

猜球赌钱的人

所谓的埃尔斯伯格悖论，对这个现象给出了一个经典案例。你有两个装满球的大壶，大壶A装有50个白球和50个黑球，大壶B一共装有100个球，但是不知道黑球和白球各有多少个。你接着赌上10美元，猜从壶里取出的球的颜色。如果你猜

如果拿到黑扑克牌能得到一分，拿到白扑克牌会失去一分，那么你想玩哪一副牌——你能看到的那一副，还是牌面藏起来的一副？

对了，就能赢20美元，如果猜错了，就什么都得不到。假如你猜取出的是黑球，那么你想猜哪个壶里的球？大壶A猜对和猜错的概率是五五开，而大壶B可能装的都是黑球，因此，你可能必胜无疑。我们大多数人都只会选择大壶A。这不是个大赌注，但是我们在处理已知风险时，会感到更快乐，不太愿意进入我们知之甚少的情形，不管潜在胜算对我们来说多么有利。有一句古老谚语能够很好地总结这种思维方式："面对已知的恶魔，总好过未知的恶魔。"

97 心理学能解释不平等现象吗？

进化心理学这个新领域试图通过自然选择来了解个性、智力和社会角色。 它得出的结论充满争议，因为这些结论似乎与20世纪人们努力争取的所有事情相违背。

20世纪末，全世界民主社会共同具备的一项最重要的价值观是平等。每个社会成员，无论性别、种族差异或能力大小，都有平等权利。这项价值观得以存在的基础是，我们所有人刚出生时都是"白板"，不具备能力或知识。我们学会和实现的一切，都是成长过程中经验积累的结果。只要有正确的

婴儿不能为自己的未来前途负责，但是基因遗传已经将婴儿置于某一条人生道路上。

史蒂芬·平克是个充满争议的人物。激进政治人物——无论支持还是反对他的理论，都运用他的观点来为自己的政治目的辩护。

时机，社会中的任何成员都可能幸福成功，因为我们所有人的起点相同。但是，到了21世纪初，进化心理学家开始讲述不同的故事。

动物本性

进化心理学从生物进化的角度来解释人类本性。作为灵长类动物，我们的早期祖先是居住在树上、类似猴子的生物。要在森林里存活下去，需要具有巨大的大脑。首先，巨大的大脑可以用来做出很多快速决策，决定如何在不同的树枝上安全移动——一个错误的移动可能导致丧命。其次，大脑存储了一张复杂的森林地图，显示一年四季在哪里可以找到不同种类的食物。

进化心理学家接着追溯人类的源头，考察我们早期的祖先是如何组成个体生存必需的大型社会性团体的。

为了在非洲热带大草原上相对贫瘠的栖息地里获得食物、水、庇护所等资源，我们的祖先不得不一同协作，据说，沟通、教育和计划的需要是语言进化的主要推动力，我们祖先的大脑更大，能通过记住彼此、有效协作，帮助他们在这些大型团体中运作。但是，在每个人类社团中，一些个体会占据支配地位。根据进化心理学，支配性人类行为不是人们彼此学习或者创新的结果，而是在数百万年的自然选择中逐渐形成的。

基因成分

心理学的一些方面要想受自然选择的支配，必须有可遗传的基因成分。组成我们个性和智力的认知能力，至少某些部分是可以遗传的，因此我们刚出生时并不完全一样。这一事实与平等白板论相违背，但是由于遗传，我们当中的一些人要比另外一些人更有可能取得成功、变得富有和强大。

持这些观点的领军人物是加拿大心理学家史蒂芬·平克，他在2002年出版的《白板：人性的现代否认》一书中讲述了这些观点。他的著作引起极大争议，因为它似乎挑战了人类珍视的、作为公共政策基础的平等、公平观念。

四种担忧

平克辨认出四种担忧，突出他经过科学评估的结论造成的可以觉察的威胁。其一是担忧不平等，也就是担忧我们的心理遗传可能会让我们比其他人有优势。平克是这样回应的：平等不意味着相同，平等是由赋予每个人相同权利的健全的社会政策造就的。第二种担忧是，我们一出生就可能遭到损害，遗传的个性不完美永远无法得到解决。第三种担忧关乎责任：如果是基因造成了坏习惯，那么我们就不必要为自己的行为负责。这就导致了最后一种担忧——虚无主义。如果平克所谓的"更好的感觉"纯粹是生物性的，那么我们真正的人性可能会遭到贬低。平克回应，不平等是个人主义的组成部分，一旦个人主义被压抑，最终就会形成独裁政权，苦难会披着平等的外衣不断升级。

社会流动性，即出身贫寒的人可以改善自己的命运，是所有先进民主政体追求的目标。然而，这个目标很难实现，可能是因为政策并没有考虑进化生物学证据。

98 性别焦虑

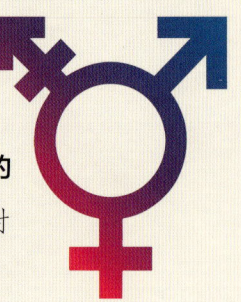

2013年，人们认为身体的性别和与之联系的性别角色不一致的现象，被重新命名为"性别焦虑"。针对性别焦虑（尤其是儿童时期）的医学和心理治疗手段，一直是大众辩论的对象。

"焦虑"一词源于希腊词语，意思是"难以忍受"，通常用来指一个人可能感受到的一种不安感。就性别焦虑而言，这是一种由身体引起的不安，身体与患者感受到的性别认同不匹配。尽管性别焦虑与性倾向，以及性别角色和性别平等这些更广泛的话题贯穿在一起，但是性别焦虑让更广泛的公众感到不安。

性别焦虑者，或者用旧名称——性别认同障碍患者，被描述为跨性别者。据估计，大约1%的人在某种程度上是跨性别者，尽管他们可能不会被诊断为性别焦虑者。有人辩称，他们的状况不是一种需要治疗的疾病，他们只是不符合占据社会主导地位、只有两种性别的体系。然而，在北美洲，大约40%的跨性别者承认自己自杀未遂，因此，健康专业人员很重视性别认同障碍。到底该采取哪种治疗手段，尤其是针对儿童，仍然是亟待解决的问题。

异装癖者

异装癖者指的是喜欢用异性服装打扮的人。他们未必是跨性别者，因为他们对自身的物理性别和社会性别角色感到自在。然而，选择异性的服装和习惯可能会给他们一种兴奋感，或者通常可以让他们表达自己的情绪。各种性别的人都可以成为异装癖者，但是在西方世界里，更常见的是男性装扮成女性，因为女性穿着与男性相同，在文化中是可以接受的，反之则不行。

跨性别者认为自己既不是男性，也不是女性，而是没有明确定义的性别。

生理性别与社会性别

生理性别和社会性别这两个术语通常作为同义词使用，但是它们并不是一回事。一个人的生理性别按照生殖器的不同分为男性和女性，而相比之下，社会性别则分为男性化和女性化，它的定义要复杂得多。社会性别是由一套习俗和行为宽泛地定义的，如我们的穿着方式、发型、爱好和一般情感立场。社会性别与社会角色紧密相关，也就是传统而言，特定的任务与每种性别相关联。在不同的文化中，性别特征与性别角色具有很大的不同，但是它们都与生理性别紧密相连：女性做女性化的事情，而男性的行为则充满男性气概。1%～2%的人是阴阳人，意思是他们具有两种性器官。其中一种性器官占主导地位。从前，阴阳婴儿在刚出生时被指定为一种性别，尽管一些国家将他们登记为阴阳人。阴阳人可能会对为自己指定的性别感到不安，但是在通常情况下，性别焦虑患者具有标准身体结构。

行动轨迹

研究性别的心理学与研究性征的一样，是个具有争议性的领域。性别或性征差异不大可能具备心理学基础，但可能是生理过程的产物。这可能包括遗传特质或产

跨性别者不是从一个性别规范转向另一个性别规范，他们可能会选择接受第三种性别。

变性手术

治疗性别焦虑的主要手段是做变性手术，也就是一个人的性器官被重新组装，以匹配异性的性器官。乳房和面部毛发等性别特征也在考虑范围内。有时，男性变女性的手术可能要移植子宫，这样做手术者可以生孩子，尽管这种情况极为罕见。在做变性手术之前，大多数外科医生坚持让手术者以新性别角色生活至少一年，在生活中的各个场合都像他们一样穿着。在手术前后，手术者都会注射性激素，这样他们的身体才会出现预期的性特征。

历史上首次变性手术是在1931年进行的。

前情况，或者可能是早年生活的一个发展过程。但是，无论哪一种，它们都不是可以被心理疗法"治愈"的疾病。医学治疗包含进行变性手术（见上面的版块）。对自身性别感到不安的儿童可能会被注射荷尔蒙，以防止他们的身体发展成成年形式，因此，他们在年龄足够大，可以决定自己的性别时，可以重新指派性格。

99 大脑计划

人类基因工程已经获取了人体所有的基因。2013年，一项新计划出现，想要对我们的大脑做类似的事情。大脑计划将制作一张大脑地图，展示所有连接，以便我们了解大脑的运作方式。

该项目的全名叫"通过不断发展创新的神经技术从事大脑研究"，根据首字母缩略词变成了BRAIN。它不是第一个尝试绘制大脑中连接状况的项目。2009年，人类连接体工程得以在白质（大脑的接线）流经灰质（处理信息的材料）各个区域流动时，绘制出灰质的图像。大脑计划力图在该地图的基础上绘制一个更加详细的蓝图，不仅描绘大脑的物理结构，还能展示大脑不同部位的功能平面图。

  大脑计划设立了雄心勃勃的目标，人们认为，要到21世纪20年代末才能出现可靠的结果。然而，研究者对这个项目将会出现的结果充满雄心。一张高分辨率大脑地图将帮助心理学家用功能性磁共振成像技术追踪大脑内部的活动，也许能阐明记忆力和自我感知，同时还有助于治疗抑郁症。这项计划还可能开发出修复大脑损伤，或者还能增强大脑功能的技术。大脑计划甚至还能为我们揭示意识的成分。

图中看起来像是印象派画家画的一朵暴风云，但实际上，它是大脑的内部连接。

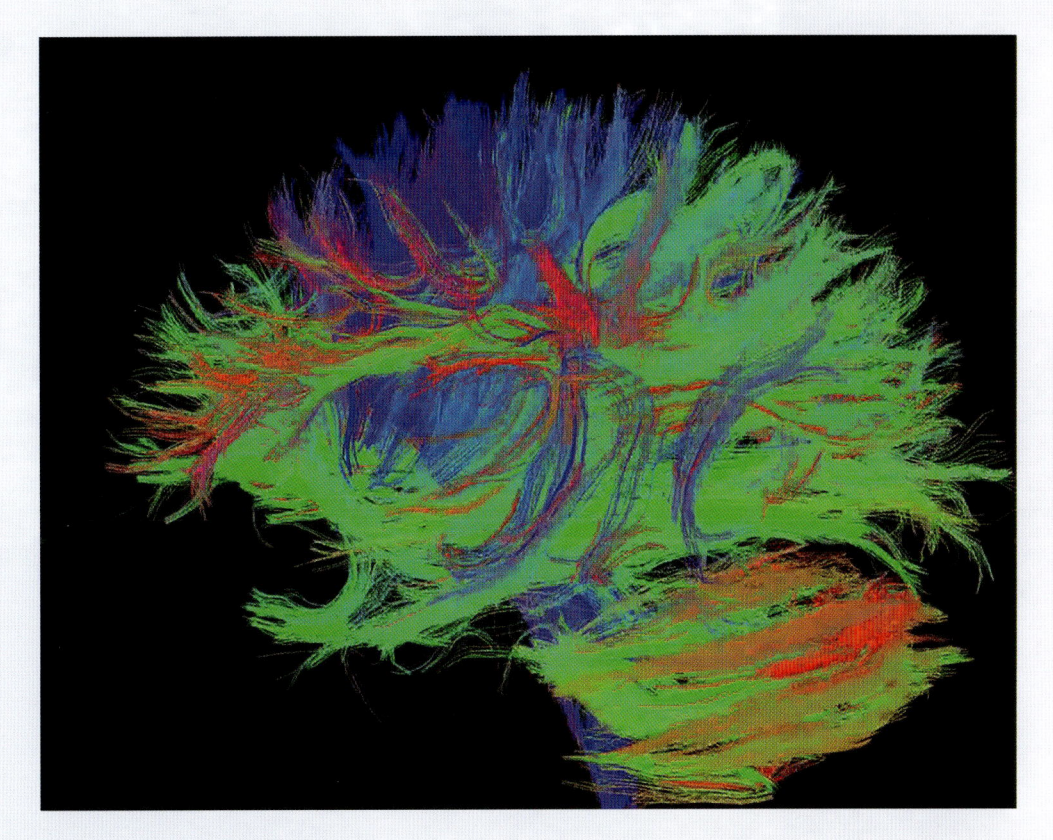

100 复现危机

心理学是一门科学，这就意味着，它必须遵循一套规则。这些规则能确保发现是真实的。2015年，一项心理学研究项目综述发现，超过一半的项目重做后无法得到同样的结果。对于一门科学而言，这无疑是一场危机。

科学方法为检验新发现提供了一套指令。首先，你必须观察你所知道的世界，找到一个需要回答的问题。接着，你必须思考这个问题，推荐一个可能的答案。这是你的假设，你需要用实验来检验假设。实验的目的是检验假设的正确性。如果实验证明假设是错误的，那么你的观点也就是错误的。没关系，再去尝试。证明假设是正确的，事情还没完，你还必须将结果公之于众。别人能够重复你的实验，而且他们应该得到相同的结果。如果得不到相同的结果，那么就有地方可能不正确。你需要退回去，仔细检查——也许第一次实验是侥幸成功的。

复现问题

2015年，一大群心理学家组队对100个已经得出结论的实验进行重复，只有36个实验得到了与原始研究者完全一样的结果。这表示另外64个实验的结论是错误的吗？也许是。其实我们不知道的是，项目组还与这些接受检验的原作者合

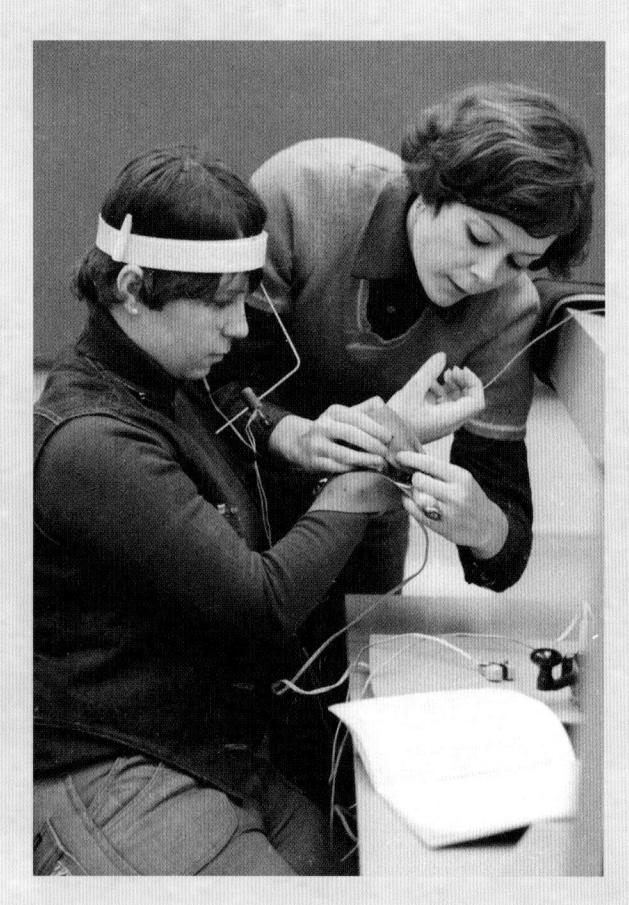

心理学实验几乎总是需要人类被试，实验需要精心设计，以便每个人在同样条件下接受测验。

作，故意挑选容易复制的实验。结果表明，如果更加随机地挑选研究样本的话，复现实验结果的失败率将达到80%。

复现问题并不意味着心理学全部是建立在不正确的数据之上的。然而，这个问题向人们展示，比起遭到忽视、无聊但准确的研究，那些得到发表、得到科学界宣传的研究反而更加容易出错。研究者在强调心理学突破报道方式的同时，还表示，复现问题在所有科学门类中都存在，而且在某些领域可能更加严重。复现危机是心理学作为一门科学的新发现吗？

问卷是心理学家收集大量数据的好方法。样本量越大，意味着研究结果越准确。

心理学：基础知识

心理学家一整天都在做些什么？在第10页和第11页，我们曾介绍了心理学的一些领域。现在，我们再仔细看看心理学家到底在思考哪些问题。

纯粹心理学

大脑如何加工信息？

认知心理学家感兴趣的是我们有意识的大脑所思考的内容——我们在不同时刻的想法和感觉、哪些记忆和信念让我们去思考和感受。认知心理学是由20世纪60年代的行为心理学演化而来的。行为心理学以能观察到的行为为基础，而精神分析则关注的是隐藏起来的、潜意识想法。今天，认知心理学已经开始占据心理学的统治地位。它将大脑视为一台能够处理信息的计算机。它关注的是人们如何形成记忆、人们的注意力是如何集中起来的，以及人们如何加工语言等。认知心理学推动了人工智能的发展。

人在成长过程中大脑如何发生变化？

尽管发展心理学主要关注的是儿童的心理发展，但是它还关注人们一生的变化。发展心理学家试图将身体变化（如成长、青春期和衰老）与智力变化（如智商和记忆力的变化）、认知变化，以及情绪和性格变化联系起来。发展心理学家对先天与后天这对相互矛盾的影响感兴趣。他们还想要了解人类是如何学会说话、发展出自我感知和道德感的。发展心理学可以帮助人们了解痴呆等症状，在人们生命最后阶段也起到了一定作用。

测试活着的被试如何揭示大脑的工作方式？

实验心理学是一种最古老的纯粹心理学，它研究的是心理学所有其他领域，例如记忆和学习、感知和感觉，以及认知（思考这一行为）。实验心理学尽管作为科学的分支存在已久，但它在这些年来已经发生了重大改变。心理学研究者必须仔细设计实验，以确保测验环境对每个人来说都是相同的。实验心理学采用多种统计方法检验结果是否显著，或者是否是随机实验的结果。

人类心理学特征如何从非人类祖先进化而来？

自然选择进化理论称，人类是从类似猿猴的祖先那里进化而来的，人类与黑猩猩的祖先相同。进化心理学试图通过弄清楚我们的祖先及动物近亲的行为，来解释我们是如何行事，如何组织家庭和社会的。进化心理学与考古学、人类学及生物学一道，研究人类与类人猿在沟通和看待世界时存在的认知相似点及不同点。这能帮助心理学家描述人类是如何成为我们现在这样的。

与他人的关系如何影响心理学？

人是社会性动物，我们的想法和感觉受到周围人——家人、朋友、工作中的同事以及整个社会的影响。社会心理学家研究人们在与陌生人交往时和与家人、同事交往时行为的区别，以及背后的原因。这类信息有助于我们深刻理解团队是如何运作的、社会中是如何形成偏见和歧视的，以及侵犯、服从、顺从和性别在人际关系中扮演了哪些角色。

应用心理学

心理学可以怎样用来加强学习能力？

这是教育心理学家要做的工作。他们与教师一起，让课堂学习变得尽可能有效，帮助控制坏习惯，同时增强学生的学习动机和学习热情。教育心理学源于100多年前开发的智力测验，研究者从师生那里收集大量数据，以更详细地了解智力以及儿童是如何用不同的方法学习的。当校园环境让学生感到烦恼时，教育心理学家还受邀提供咨询。

心理学理论可以怎样用来检举罪犯？

这个问题是由一名法医心理学家来回答的。他的主要任务是，帮助法庭查明遭到控告的罪犯是否有精神病，帮助他们减轻责任；或者更少见的情况是，他们的特定心理使得他们更可能以某种方式犯罪。他们的第二个任务是在调查罪犯时，帮助侦探辨认和寻找犯罪嫌疑人。他们提供建议，指出犯罪嫌疑人可能去哪里，会做什么，如果遭到逮捕会如何表现。此外，他们还能帮助警察调节心理压力。

我们如何治疗精神疾病？

认知心理学是应用心理学中最宽泛的领域，从业者采用大量不同的疗法治疗心理疾病。与接受过医学训练的精神病学家不同，临床心理学家不能对病人进行药物治疗。他们采用的最常见的治疗形式是某种认知行为疗法，这种疗法可以一对一进行，也可以发展为集体治疗。在网络上存在认知行为疗法课程。一些临床心理学家采用的是西格蒙德·弗洛伊德和卡尔·荣格等人开发的早期心理疗法。

可以怎样用心理学来让组织更好地运转？

工业或组织心理学研究的是人们如何在团队和大群体中协作，人们如何回应团队，遵守其他团队成员共同具有的思维方式（也就是"集体决策"）。工业心理学家感兴趣的是，如何打造高效工作的团队。他们还关注如何减少霸凌和内部冲突。同时，大型组织很难做出创新，工业心理学家可以帮助解决这个问题。

心理学如何解释社会的不断变化？

社会心理学作为政治科学的一部分，可以用来理解不同的政治过程是如何运作的——无论是什么样的国家。同样地，不同的政治体系对一个社会的影响可以用来理解心理学。政治心理学家运用自己的发现，通过改变许多人的观点和行为，帮助实行有用的社会变革（政治家实际上决定了什么是有用的）。这个观点被称为轻推理论，因为变革是通过一系列小的推动慢慢实现的，而不是革命性转变。

可以怎样用心理学赢得战争？

军事心理学家会这样告诉我们：一场战争，军事上获胜的一方只有赢得民心，才算是真正获胜。对赢得"民心"这一观点的一个误解是，士兵需要让平民变得像自己一样。实际上，心理层面势在必行的是，要让平民相信士兵能够保护他们免受被击败的敌军的伤害。心理学家在战役中也能起到作用：所谓的"心理战"目的就是让敌军士气低落或者迷惑。很久以前就有指挥官试图吓唬对方的案例。在现代战争中，心理战通常是用无线电广播和印刷传单来实施的。

人格：大五类人格测试

有一件事很明显：一个人的人格是十分个人化的——世界上没有两个完全相同的人。这个陈述对心理学家来说并没有多大用处，他们想要用一致的方式描述个性。一致性使得他们可以对两种人格进行比较，同时大量成群地比较人的人格。

20世纪80年代，开发出了这样一种比较体系，被称为五因素模型，或者更常见的名称叫大五类人格测试。就像名称所暗示的那样，该测试将每项人格都分成五个基本特性——外向性、谨慎性、开放性、宜人性和神经质。测验以问卷的形式进行，每个问题都旨在给这些特质打分。这些特质还进一步分成六个叫作基本面的亚组别，问卷（由几十个问题组成）还能用来极其详细地量化人格。

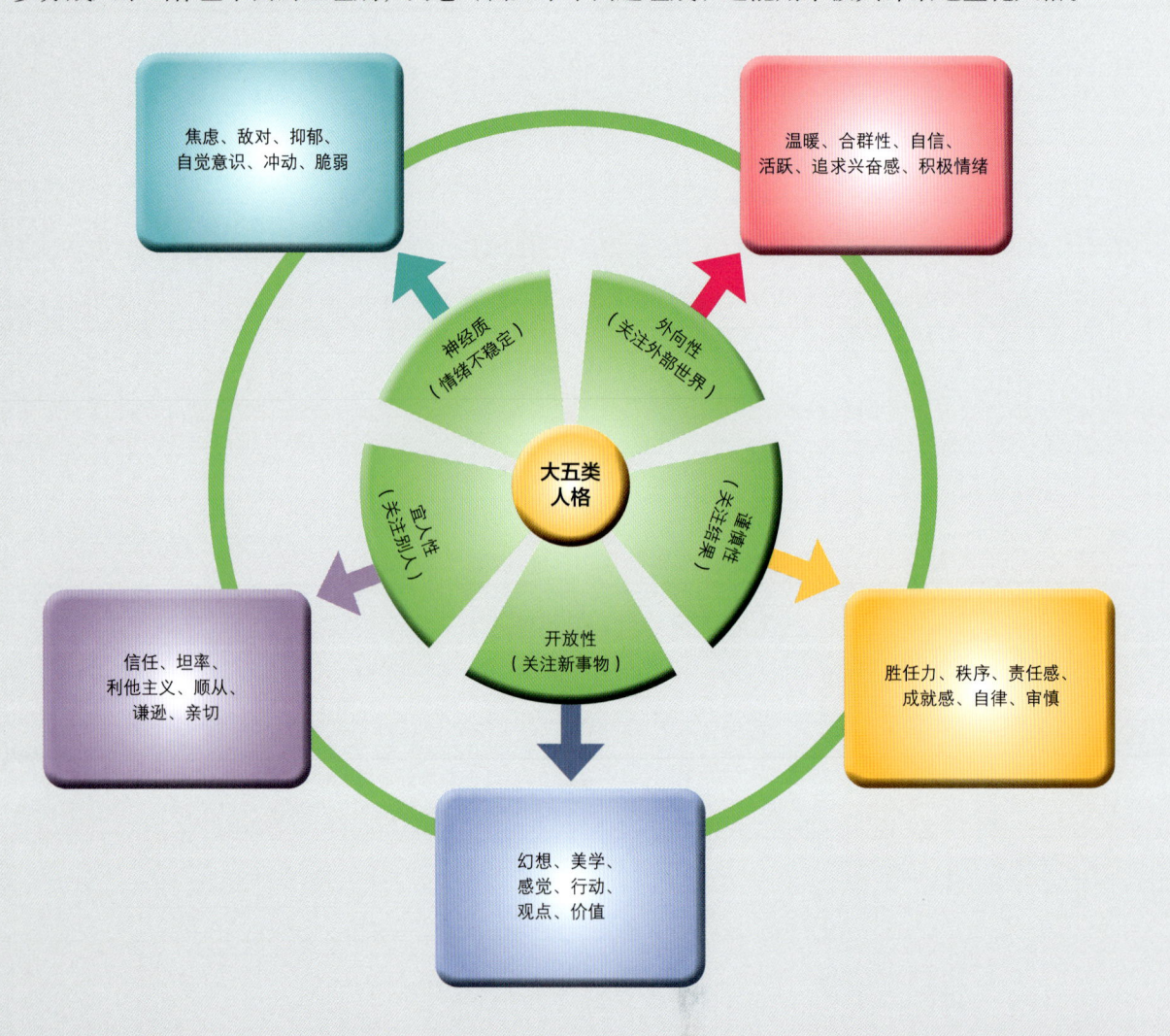

- 神经质（情绪不稳定）：焦虑、敌对、抑郁、自觉意识、冲动、脆弱
- 外向性（关注外部世界）：温暖、合群性、自信、活跃、追求兴奋感、积极情绪
- 谨慎性（关注将来）：胜任力、秩序、责任感、成就感、自律、审慎
- 开放性（关注新事物）：幻想、美学、感觉、行动、观点、价值
- 宜人性（关注别人）：信任、坦率、利他主义、顺从、谦逊、亲切

外向性

　　外向性的人从其他人那里寻求刺激。他们爱说话和社交。在寻求最新的兴奋感时，也可能变得爱冒险，敢于承担风险。他们在大部分时间里可能会体验积极情绪，将世界作为一片玩乐之地。他们关注的就是实验这个目的。与此形成对比的是，外向性低的人，被称为内向性格者，他们认为，自己的大脑已经够忙碌了，想要独处来寻找内心的宁静。他们喜欢外向性的人认为太枯燥无聊的活动。内向性格者确实喜欢社交，但是更喜欢每次跟几个人进行深入交谈。他们不愿意冒险，体验的情绪高潮不如外向者多，但是情绪更加稳定。

谨慎性

　　高度谨慎的人是实干家。他们倾向于富有生产力，因为他们在追求清晰目标时有条理秩序。他们为自己的行动负责，出于追求更大好处的责任感，努力想减轻其他人的恶劣行径。然而，他们也可能变得焦虑，或者被其他人的行为惹恼。谨慎性低的人的行为是自发的，生活无条理，他们很少为此负责。他们经常拖延任务，但是通常感到放松，或者至少看起来很放松。

开放性

　　该特征是为了捕捉人格中的创造中元素，因此是个定义宽泛的概念。开放的人倾向于欣赏各种形式的艺术。艺术是新生活方式的表现形式（并不总是好的，但总是新鲜的），开放的人喜欢考虑这些新生活方式。他们不止喜欢旅行、吃新鲜食物、结识新朋友等新经验，还喜欢讨论观点，通常将各种概念混合在一起，以创造新概念。开放性低的人更喜欢安全稳定的常规生活。熟悉的生活能给他们安慰，他们对自己当前的想法、观点和信念十分自信。他们不太愿意思考新观念，或者接受与自己信念不同的信念。

宜人性

　　该维度关注的是人们管理人际关系的方式。和蔼可亲的人受到驱使，会尽可能表现出对所有人的博爱。这部分是因为他们具有高度同感，在乎其他人的想法。他们也不太可能对他人存在偏见。此外，为了与他人更好地相处，他们可能会选择隐藏自己真实的情绪。不大宜人者没有同样的愿望让他人喜欢，因此不太重视与他人保持积极关系。他们倾向于说话直率，很容易显露消极情绪，而不是为了维持良好关系而隐藏消极情绪。不大宜人者更能表达自己的个性，不太可能受人利用。

神经质

　　神经质代表着高度消极甚至病态情绪。高度神经质的人可能频繁感受到压力、焦虑和低自尊。然而，神经质的人要比不太神经质的人体验到更丰富的情绪。神经过敏者经常对危险持戒备心态，更可能发现真实或者想象的问题。与此对应的是，低神经质的人倾向于情绪稳定，因为他们很少体验消极情绪。他们即使在紧张的时候，也会维持情感底线。然而，其他人可能认为情绪高度稳定的人无趣、乏味。相比之下，神经质的人个性更加有活力，但是更可能患精神疾病。

未解之谜

自从心理学成为一门科学以来,过去的130年里,心理学经历了漫长的历程。然而,人类精神世界仍然存在很多待解决的问题。让我们看看其中几个。

超感知觉可能存在吗？

超感知觉是这样一种能力：它使人可以不受时空限制接触信息——你可以看见发生在另一个国家的事情，或者尚未发生的事情。在探讨是否可能存在超感知觉时，大多数心理学家倾向于凭借物理事实：时间朝一个方向运动，因此信息无法运动到过去，而且信息只能以光速在空间里运动，而不是立即到达。即使我们暂不考虑不存在明显的超感知觉机制这一事实，超感知觉也会打破物理定律。然而，2011年，达里尔·贝姆完成了一项历时10年的预测未来的研究，让被试寻找隐藏事物的位置。研究结果显示，好几百名被试都有轻微而显著的超感知觉。然而，同行评审员质疑贝姆采用的统计方法。你认为未来能够证明超感知觉的存在吗？

也许你的大脑已经想象出花盆跌落的画面，也许没有。

我们为什么做梦？

　　自从弗洛伊德时代开始，心理学家就一直对梦境感到着迷。弗洛伊德将梦境视为通往潜意识的窗口。睡眠时，觉醒程度低，我们很少移动，几乎不关注外部刺激。梦是快速眼动睡眠的产物。所谓快速眼动，也就是在睡眠周期的一小段时间内，眼睛快速闪动，大脑活动提升。在快速眼动时期，身体几乎处于瘫痪状态——也许是为了防止我们把梦的内容用身体表演出来，但是我们的意识足够"清醒"，可以体验梦中的内容。就像弗洛伊德所说的那样，梦可能是潜意识与我们联系的一种方式。或者是我们正在加工白天的记忆，将它们加入故事里。还有第三种可能：可能是我们的大脑将某种意义纳入随机、无关联的大脑活动中。

梦可能是美好的，但是它们都是些什么内容呢？

未解之谜

道德从哪里来？

有多种方式可以回答这个问题，但是从心理学的观点来看，就该轮到进化心理学家来回答了。进化采用的自然选择过程，自然选择依靠每个个体按照私利去行事。然而，每个人类社会中出现的道德都会压抑私利，为社会美德做贡献。道德准则可能存在，是因为它让我们感到更加安全：社会协力捍卫自己，个体得到邻居的保护。另一种可能性是，按照道德行事，刺激大脑里的愉快中枢，可能让我们感觉良好。第三种观点是，人类发展出语言后，想象力大幅增强，能够对彼此产生同理心，想象被另一个人误解是怎样的感受。也许是以上三个方面共同推动人类社会体系采取道德准则。正如个人受到自然选择的影响一样，我们祖先的原型社会也会受到自然选择的影响。可能是遵守道德的人可能比不遵守道德的人更加成功。

区分对与错的界线从何而来？

愚蠢的人知道自己不聪明吗？

1999年，两名美国研究者大卫·邓宁和贾斯丁·克鲁格发现了邓宁-克鲁格效应。该效应显示，认知能力低的人幻想自己具有高认知能力。他们不够聪明，无法意识到自己的局限。同样地，高能力者可能无法意识到自己超过其他人，他们可能认为，自己能做的事，每个人都能做。低能力者对自身认识错误，而高能力者对其他所有人认识错误。

这个小丑是在表演哑剧吗？又或者是，他认为我们所有人都跟他一样？

未解之谜

如果我们能理解意识，会发生什么事？

人类意识为我们提供了很多迷人的问题：它在形成自我时扮演什么角色？我们为何有意识？意识是如何形成的？因此，在我们更了解大脑和意识的同时，我们还有很多非常困难的问题需要解决。也许我们的意识只是生命逐渐变复杂这一自然趋势的副产品。然而，如果我们彻底弄清楚潜意识，意味着什么呢？将会出现两个可预知的结果。首先，可能会出现了不起的科技，我们可以将意识录入一台电脑。其次，我们可能长生不老——假设没有人消灭我们的话。这项能力也意味着，我们需要了解意识的物理过程。如果我们能用大脑追踪每一个情绪、想法和梦境，那么我们就能阻挡坏想法或者注入新人格。我们不再能像我们当前认为的那样控制自己。这些物理过程反而会掌控我们。

你的思想值得赞扬。

人工智能存在心理状态吗？

世界上有两种人工智能。窄人工智能学会将一件事做得很好，如寻找照片中的规律——可能比任何人类都做得更好。窄人工智能在日常科技中运用得越来越普遍。然而，窄人工智能一点也不聪明，因为它不知道自己所不知道的事情。泛人工智能指的是计算机的智能与我们的智能相当，甚至超越我们。它能识别自己知识结构中的缺陷，而且能学习自己需要知道的内容。然而，泛人工智能还停留在科幻小说中。如果将来真的出现泛人工智能，那么它们也能模仿人类的心理状态吗？这取决于人类的智能是否还需要情绪加入。长期看来，我们的情绪能帮助我们学习，并且做出更好、更聪明的决策吗？如果是这样的话，那么泛人工智能就需要类似情绪的事物。也许这是它们处理新情形时的一项内置模糊性。还有，也许人工智能也存在意识的对应物——也许是它的编程。那么，模糊的逻辑可能会出错、导致人工智能出现各种疾病吗？又或者，假如程序崩溃，会导致计算机患精神病吗？

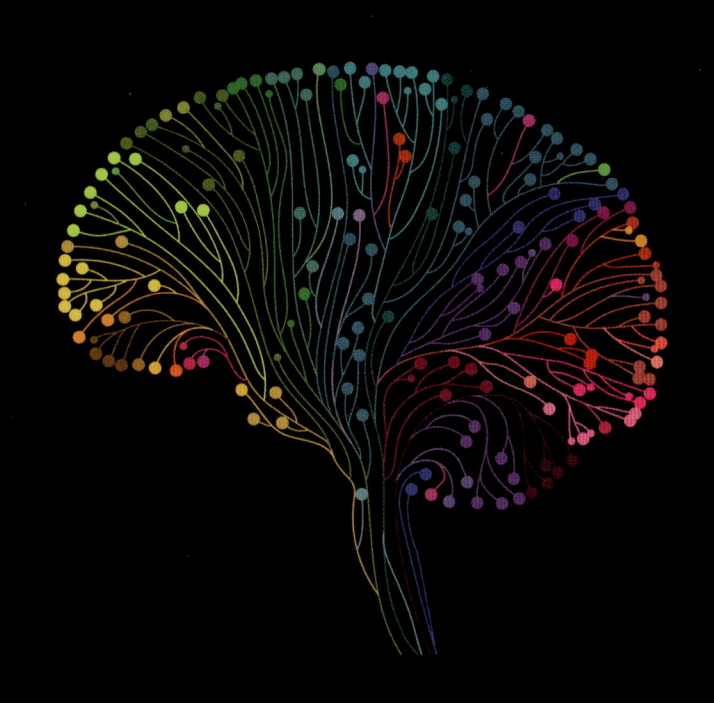

未解之谜

迷幻剂能揭示某些事物吗？

迷幻剂的意思是"透露真情",该术语是20世纪50年代发明出来的,当时精神病学家刚开始研究这些药物的影响(他们从全世界各国传统文化中使用迷幻剂的情况得到这一结论)。在这些早期研究者看来,麦角酸二乙基酰胺、磷酰羟基二甲色胺(采自神奇蘑菇)和墨斯卡灵(来自佩奥特掌)等药物似乎能提升意识,因此人们能够注意到通常被过滤掉的画面、声音等感觉。从生化角度而言,这些药物被称为"血清素受体激动剂",它们能增加视皮质和额叶里的血清素数量,造成幻觉,改变情绪状态(这种生化反应在某些抗抑郁药和抗精神病药中也会出现)。问题是,使用迷幻剂是揭示通常隐藏起来的现实中的模糊部分,还是在意识中创造一种经历?使用过迷幻剂的人有时候探索答案的兴趣可能与心理学家一样浓厚。

将迷幻剂用于精神治疗竟已有70年的历史。

心理健康与内脏细菌有联系吗？

人体内大约有30万亿个细胞,也许另外还有40万亿个细菌细胞。这些微生物大部分生活在内脏和皮肤上,被称为微生物群系。它们加起来重达2千克左右,比大脑还要重。越来越清晰的是,微生物群系有助于人体健康,也许还有助于心理健康。其中的关键似乎在于有多种多样的肠道菌群,吃各种天然食物的人要比吃加工食物的人肠胃中具有更多有益菌群。肠胃中具有多样化细菌的人,体格更加健康,例如出现过敏和炎症情况更少,免疫系统更好，二者之间存在很强关联。2017年，南美洲的研究者发现，创伤后应激障碍患者体内某些细菌似乎比健康微生物群系里更少。这是一种巧合吗？是创伤后应激障碍患者抑制了这些细菌，还是大量这类细菌能保护人免于出现创伤后应激障碍？如果是后者，那么发生机制仍然停留在理论层面。要想知道更多信息，可以进行粪大肠菌群移植，也就是让创伤后应激障碍患者摄入那些有益菌群。这种"粪便兴奋剂"会成为一种新的心理疗法吗？时间会告诉我们答案。

"对于这个，我感觉很糟糕。"如果微生物群系与心理健康相联系的话，那么内脏感觉在将来可能具有新的意义。

大脑如何理解书写文字？

你能解理下面这句话是什么意思吗？"看起来是像，只要字母首和字母尾是正确的，我们能就读出单简的词单。"（It semes taht we can raed smpile wrods as lnog as the fsirt and lsat ltetres are crrcoet.）这句话虽然有拼写错误，但并不妨碍我们理解意思，如果是这样，我们为何还要学习拼写呢？

Ejqrsvn

未解之谜

每个人都会自言自语吗？

我不了解你，但是我经常自言自语。我并不是说我在阅读（或者写字）时能听见文字，而是开展对话——既听又说，或者至少听自己的声音说出大脑中的想法。我想这对所有人来说都是一样，不是吗？它与挠痒痒之间有什么关系呢？2012年，一个小研究项目发现，在研究样本中，有1/4的人从未听到过内心的声音。2013年，加拿大的研究者发现，大脑中被称为伴随放电的活动与我们内心的声音之间存在关联。放电系统被用来预测我们的行为，并相应调整感觉。这就是为何我们无法挠自己痒痒（你知道自己会痒），以及无法在说话时让自己变聋（我们将自己的声音转化为内心的副本）。这项研究表明，内心的声音是正在被使用的内部副本，即使实际上并不存在声音信号。

"我说，我说，我说"——但是只有我能听到

万维网已经成为我们记忆的一部分了吗？

在发明手机之前，人们会记住家人及好朋友的电话号码。那么，有与万维网对应的事物吗？我们不需要记住细节，因为我们总是可以查询吗？目前尚无这方面的明确证据，尽管万维网已经明显改变了我们获取知识的方式。谷歌联合创始人之一拉里·佩奇预测，将来某一天，脑机接口会将我们与万维网进行连接，创建一个巨大的记忆库，囊括人类记载的全部知识。

性征来自哪里？

人类性征可能是时常出现的先天对后天论争的终极话题，它最简单的形式，就是概括人们体验性感觉的方式。性征不完全是遗传决定的，因为如果是这样的话，同性恋可能被自然选择消灭，而且没有证据证明性征会遗传。性征也不是一种习得行为，因为不管某些人会怎样想，一个人不能被教导拥有不同的性征。然而，这并不是说，不断发展的环境对性征完全没有影响。来自动物界的一些证据表明，性征发展过程与印记类似。然而，这种情况不大可能在人类中出现。还有一些证据表明，在母亲怀孕期间，这个发展过程中的环境构成可能会出现在母亲子宫的特定激素当中。接着，作为自我同一性发展的组成部分，性征在童年和青少年期间慢慢出现。

未解之谜

人类为何制作音乐？

音乐不同于其他艺术形式。绘画和素描是艺术家表达自己看见事物的方式。世界上最早的绘画出现于大约4万年前。文学出现的时间要比绘画晚数千年，它记录的是某人听到、经历或编造的故事。但什么是音乐？它是对声音及时进行操纵，以创建不仅是声响，而且还具备某种音乐特质的事物。43000年以前，就出现了由象牙雕刻的长笛，因此音乐的出现时间可能早于绘画，即艺术的原始形式。人类最早的音乐可能是由歌喉创作的——我们不是唯一能相互歌唱的动物。据称，歌唱是早期人类强化社群连接的一种方式。社群规模太大，无法通过梳毛（类人猿和猴子就是这样做的）连接在一起，而歌唱这种形式更加有效。打击乐器加入，以创作复杂和具有文化特色的音乐——歌唱可能也演化成了交谈。

不管使用哪种乐器演奏，音调、音阶和节奏如何，我们都能识别出音乐。

伟大的
心理学家

伟大的心理学家来自很多不同国家、不同背景，而且贯穿整个人类历史，但是他们都有一个共同点：对人类大脑的痴迷。他们想知道大脑是如何运转的，它可以做什么，什么困扰着它。惊人的是，他们当中的很多人曾经历过这样或那样的创伤——无论身体患病、贫穷，还是儿童时期紧张的家庭关系。如今，他们要么因为减轻了人们的痛苦，要么因为给大脑研究提供了方向而为后世所铭记。

希罗菲卢斯

出生时间	980年8月16日
出生地点	乌兹别克斯坦布哈拉
去世时间	1037年6月
重要成就	伊斯兰教的医师和学者

阿维森纳阿拉伯名叫伊本·西那，他年纪轻轻时就是个精明的人，经常在探讨科学和哲学问题时超过他的老师。他是医学领域的先锋，据说他还在青少年时期，就为当地埃米尔管理健康需求。该职位的一个好处就是，阿维森纳能够进入皇家图书馆，这使得他的兴趣范围拓展到物理学和政治学。在这个过程中，阿雅森纳积累了巨大的精神财富。最后，他自己写了200部著作，如果不是被自己的仆人毒死的话，他可能会写更多的书。

穆罕默德

出生时间	854年
出生地点	波斯赖伊
去世时间	925年
重要成就	哲学和医学领域的先驱

本书选取了他对原始心理疗法的发展，拉齐（穆罕默德在中世纪欧洲以拉丁名拉齐斯闻名）对医学其他领域、哲学以及炼金术都做出了贡献。他发现了酒精和硫酸，后者在接下来的多个世纪里都被称为"硫酸油"。他还是巴格达医院的首席医师，并在那里开发出了儿科。他最先研究了天花和麻疹，还是眼科学的创始人。

勒内·笛卡儿

出生时间	1596年3月31日
出生地点	法国拉哈耶
去世时间	1650年2月11日
重要成就	二元论

笛卡儿对物理学、数学以及心理学都做出了贡献。他的运动定律被艾萨克·牛顿修正，而他所发明的坐标系至今仍然在数学课堂里使用。笛卡儿是天主教徒，但是成年后，他选择移民荷兰，甚至还加入了荷兰军队，因为荷兰信奉新教，而且那里宗教氛围很宽容。与他同时期的伽利略因为异端邪说遭到审判后，笛卡儿搁置了自己的首部著作《论世界》。然而，他的很多工作都在著作《方法论》中有所体现。

弗朗茨·梅斯梅尔

出生时间	1734年5月23日
出生地点	德国伊兹朗（今日的莫斯）
去世时间	1815年3月5日
重要成就	推广了催眠术疗法

梅斯梅尔是林务官的儿子，在德国南部长大。尽管他刚开始并不出色，但还是考进了大学，大学毕业后在维也纳当医生。他的第一本学术著作试图展示生理学和星球运动之间的关联。他娶了一位富裕的寡妇，进入了维也纳上流社会，包括支持小莫扎特（当时还是个小孩）的事业。18世纪70年代，梅斯梅尔开发出催眠和磁力混合疗法，这使他扬名欧洲。18世纪90年代，他的大部分观点被揭穿。

威廉·冯特

出生时间	1832年8月16日
出生地点	德国曼海姆
去世时间	1920年8月31日
重要成就	实验心理学创始人

冯特出生于一个严格的宗教家庭，他父亲是一名路德教大臣。冯特接受的是高度严格管制的教育，最终在1856年成为一名医生。冯特更喜欢做研究，而不是当医生，于是他成为一名生理学家，在海德堡大学研究视觉感知。他开始在海德堡大学教心理学。1863年，他出版了自己的第一部主要心理学著作《关于人类和动物心灵的讲演录》。他的实验主要集中在匹配感官过程与反应，为此，他于1879年在莱比锡创建了一所实验室。

让-马丁·沙可

出生时间	1825年11月29日
出生地点	法国巴黎
去世时间	1893年8月16日
重要成就	将癔症作为一种病因

让-马丁·沙可被冠以"神经病学创始人"的头衔，神经病学是神经系统科学的医学部分。他在巴黎萨伯特医院创办了欧洲首家神经病学诊所。这产生了深远影响，尤其是对精神病学和心理学的发展产生了重要影响。沙可的主要研究对象是癔症，癔症后来被其他人重新归类为神经病，或者神经症。他门生众多，其中就包括西格蒙德·弗洛伊德，而沙可本人则因为一系列以他名字命名的医学名词而被后世记住，包括沙可病（也被称为肌萎缩侧索硬化）。

亨利·莫兹利

出生时间	1835年2月5日
出生地点	英国约克郡津格尔斯威克
去世时间	1918年1月23日
重要成就	发展了人格障碍这一概念

英国精神病学界先驱莫兹利的父亲是一位富裕的农场主。莫兹利早年丧母，由姊姊抚养长大，被仔细教导。莫兹利在大学期间成绩优异，但是与很多老师闹翻，也许正因如此，他成为外科医生的抱负受到阻碍。在最终决定从事精神病学后，莫兹利接管了岳父创办的私人救济院。据说，后来莫兹利后悔自己当初的职业生涯决定，转而从事心理学方面的工作。

威廉·詹姆斯

出生时间	1842年1月11日
出生地点	美国纽约
去世时间	1910年8月26日
重要成就	美国心理学先驱

美国最早的实验心理学家之一，美国心理学会的创始人之一。威廉并不是家族中最著名的成员，他的弟弟亨利·詹姆斯创作了《一位女士的画像》《螺丝在拧紧》等著名小说。他的父亲是位著名神学家。年轻的威廉刚开始立志成为一名画家，但是后来却选择从医。毕业后，他又对心理学感兴趣（他本人患有精神疾病）。哲学教师是他的第三个职业，直到1907年，他都在哈佛大学教授哲学。

伊万·巴甫洛夫

出生时间	1849年9月26日
出生地点	俄罗斯梁赞
去世时间	1936年9月27日
重要成就	动物学习研究者

巴甫洛夫是一位牧师的儿子，在神学院上学，但是后来放弃了神学，转而相信科学。巴甫洛夫学习成绩优异，1890年，他受邀成为圣彼得堡实验医学院心理学系的主任。他担任这一职位45年，直到去世。正是在这里，他开始从事条件反射这一具有重大影响力的工作。俄国十月革命后，列宁称"学者巴甫洛夫做出的杰出科学工作，对全世界工人阶级具有重大意义"。

格兰维利·斯坦利·霍尔

出生时间	1844年
出生地点	美国马萨诸塞州阿什菲尔德
去世时间	1924年4月24日
重要成就	儿童心理学先驱

格兰维利·斯坦利·霍尔更有名的名字是格兰维利·斯坦利，他来自一个乡村农场家庭。为了取悦母亲，年轻的霍尔学习了一段时间的神学，后来在哈佛大学转而学习心理学。在哈佛大学，他师从威廉·詹姆斯，并成为美国历史上第一个获得心理学博士学位的人。此后，他前往当时的心理学世界中心——德国工作，在威廉·冯特手下工作了两年。回到美国后，他在巴尔的摩建立了一所和冯特实验室一样的实验室。在德国，霍尔对种族认同的重要性产生了兴趣，同时，他还批判美国个人主义。

西格蒙德·弗洛伊德

出生时间	1856年5月6日
出生地点	弗赖贝格（今捷克共和国普日博尔市）
去世时间	1939年9月23日
重要成就	发展了精神分析学

弗洛伊德的思考主体是儿童时期，然而，他的家庭生活让他十分缺乏安全感。他的父亲在第一次婚姻里育有两子，其第二任妻子，也就是弗洛伊德的母亲，要比他年轻得多。弗洛伊德小时候大部分时间都在和侄儿约翰玩耍，约翰在弗洛伊德4岁时搬走了。弗洛伊德9岁时，他又有了6个兄弟姐妹。他与母亲关系亲密，但是父亲却与他很疏远。1886年，弗洛伊德在维也纳开办了私人诊所。他在维也纳一直住到1938年，作为一名犹太人，他不得不逃离纳粹的迫害。他移居伦敦，次年在伦敦逝世。

皮埃尔·简内特

出生时间	1859年5月30日
出生地点	法国巴黎
去世时间	1947年2月24日
重要成就	研究分裂现象

简内特出生于富裕家庭，小时候喜欢收集植物。他的叔叔——道德哲学家保罗·简内特建议他同时学习医学和哲学。年仅22岁，简内特就成了勒阿弗尔的一名哲学教授。他在勒阿弗尔研究催眠术，引起了让-马丁·沙可的注意，简内特成为沙可在巴黎医院创办的心理实验室的主任。1902年，他成为法兰西公学院的一名心理学教授，在接下来的34年里一直担任此职。就是在这段时间里，他创立了自己有关大脑的宏大理论。

卡尔·荣格

出生时间	1875年7月26日
出生地点	瑞士凯斯维尔
去世时间	1961年6月6日
重要成就	创立分析心理学

卡尔·荣格是一名瑞士牧师唯一幸存的儿子。他的母亲患有抑郁症，在荣格童年的很长一段时间里，母亲都在住院。作为一名儿童，荣格认为自己具有两种人物角色：一个是儿童，另外一个是过去一位备受尊敬的老年人。他与父亲建立了牢固的关系，但是认为母亲让自己感到失望，导致了某种厌女症——成年后，他成了一名风流男子。荣格心理学是荣格神秘体验和情绪体验结合的结果，他提出，个性是集体潜意识中运作的原型的产物。

阿尔弗雷德·阿德勒

出生时间	1870年2月7日
出生地点	奥地利维也纳
去世时间	1937年5月28日
重要成就	提出自卑情结这一观念

阿德勒的童年生活充满艰辛。他在家里7个孩子中排行第二，由于不良饮食，患了佝偻病，直到4岁才能走路。在他3岁时，卧病在床的弟弟在他身旁死去。医生也认为他的肺炎太严重，没法救活。听到医生的话，阿德勒决定活下去，并成为一名医生。1895年大学毕业后，阿德勒在维也纳的一片贫困区域行医，病人中经常有马戏团演员。据说，经常碰到与偏见和无能做斗争的不寻常人物，使他开始思考自信和自卑的问题。

沃尔夫冈·科勒

出生时间	1887年1月21日
出生地点	爱沙尼亚雷韦尔（今塔林）
去世时间	1967年6月11日
重要成就	格式塔心理学创始人

科勒的出生地尽管如今归属于爱沙尼亚，但他却是个地地道道的德国人。他的家人要么当老师，要么当护士，因此，他长大后从医，似乎是一件板上钉钉的事。他在德国多所大学学习，直到1909年，他才在柏林因为研究物理学和心理学（尤其是声学领域）之间的关联而获得博士学位。他一加入位于法兰克福的心理学实验室，就遇到了库尔特·考夫卡等人，同他们一起创立了格式塔心理学。科勒在特纳利夫岛上躲过了第一次世界大战，在20世纪30年代初期批判纳粹，1936年，科勒移民美国。

库尔特·勒温

出生时间	1890年9月9日
出生地点	德国莫吉尔诺（今属波兰）
去世时间	1947年2月12日
重要成就	创立心理学场论

勒温的童年在普鲁士乡下（今属波兰）度过，他正统的犹太教父母选择在家对他和他的三个兄弟姐妹进行教育。勒温15岁时，全家搬迁到教育条件更好的柏林。勒温在不同院校学习医学、生物学和心理学。勒温在第一次世界大战中受伤后，回到柏林攻读博士学位。1933年，为了逃离纳粹的迫害，勒温与很多其他德裔犹太学者一道移民美国。除了场论，勒温还发明了敏感性训练，即一种小组练习，参与者一道解决个人和集体问题。

艾瑞克·弗洛姆

出生时间	1900年3月23日
出生地点	德国美因河畔法兰克福
去世时间	1980年3月18日
重要成就	人文主义精神分析的先驱

弗洛姆是家中独生子，父母是正统犹太人。他在美因河畔法兰克福长大。儿童时期，弗洛姆笃信宗教，但是在对政治学和社会学产生兴趣后，他就放弃了自己的信仰。他从海德堡大学取得了社会学博士学位，接着，他在弗瑞达·瑞茨曼（弗洛伊德同时代的人）的门下受训成为一名精神分析学家。两人于1926年结婚，但是很快就分居，并于1942年离婚。1934年，弗洛姆离开纳粹德国，最终在纽约定居。1949年，他移居墨西哥城，在一所医学院教授精神分析学。

让·皮亚杰

出生时间	1896年8月9日
出生地点	瑞士纳沙特尔
去世时间	1980年9月16日
重要成就	发展心理学领军人物

皮亚杰在儿童时期就是个早熟的自然主义者。15岁时，他就已经在发表关于软体动物的符合学术标准的文章了。成年后，他爱上了哲学。22岁时，他就获得了哲学博士学位。接着，他再度改变了研究兴趣，前往巴黎在阿尔弗雷德·比奈特（智力测验的发明者）经营的一所学院里受训成为一名精神分析学家。1921年，皮亚杰回到瑞士，掌管让·雅克·卢梭学院。他婚后育有三个孩子，这些孩子成为他从事儿童心理发展研究的最初观察重点。

埃里克·埃里克森

出生时间	1902年6月15日
出生地点	德国美因河畔法兰克福
去世时间	1994年5月12日
重要成就	心理学发展理论

埃里克森最出名的成就是，分析人自出生以来心理学发展的典型阶段，尽管他自己的早年生活一点也不典型。他的母亲在怀有身孕期间逃离了自己的祖国丹麦。母亲一手抚养他，直到改嫁给为儿子治病的医生。医生告诉小埃里克森，两人之间具有血缘关系，直到后来才真相大白——埃里克森的父亲是个默默无闻的丹麦人。成为一名受训的弗洛伊德学派精神分析师后，埃里克森于1933年移居美国，他选择抛弃继父和母亲的姓氏，改姓埃里克森。

伯尔赫斯·弗雷德里克·斯金纳

出生时间	1904年3月20日
出生地点	美国宾夕法尼亚州萨斯奎哈纳
去世时间	1990年8月18日
重要成就	激进行为主义领军人物

斯金纳全名为伯尔赫斯·弗雷德里克·斯金纳,由于名字过长,他成年后用姓名首字母作为称呼。小时候,他就能发明各种小玩意儿,这种天资在他发明"斯金纳箱"、在动物学习方面做出突破时体现得淋漓尽致。斯金纳渴望成为一名作家,他获得的首个学位是英语学位。接着,他在哈佛大学学习心理学,在尝试成为一名小说家时遭遇失败。后来,斯金纳投身心理学,1931年获得心理学博士学位。1948年,他成为一名教授后回到哈佛大学,在那里工作,直到逝世。

亚伯拉罕·马斯洛

出生时间	1908年4月1日
出生地点	美国纽约
去世时间	1970年6月8日
重要成就	积极心理学的倡导者

马斯洛来自犹太家庭,举家从沙皇统治下的乌克兰迁往美国。作为家中长子,他在纽约布鲁克林的一个贫困街区度过了一个艰苦的童年:在大街上,他遭到种族歧视,在家里,冲突不断。他父母强迫他学习法律,但马斯洛最终反叛,前往威斯康星州学习心理学。20岁时,他跟还在上学的表妹结婚。马斯洛的职业生涯是从研究和教学起步的。战争的恐怖导致他研究积极心理学,最终形成了需求层次理论。他的健康状况原本就很差,在慢跑时死于心脏病发作。

所罗门·阿希

出生时间	1907年9月14日
出生地点	波兰华沙
去世时间	1996年2月20日
重要成就	发现从众性的力量

阿希生活在波兰华沙附近的一个小镇上。13岁那年,他举家迁往美国,定居在纽约市。他生性腼腆,加上不大会说英语,因此很难融入美国生活。然而,他通过阅读查尔斯·狄更斯的著作自学英语,并因此进入纽约最好的高中之一就读。在尝试学习很多科目后,他最终于1932年获得了心理学博士学位。他在纽约教了几年书,然后于1947年前往宾夕法尼亚州斯沃斯莫尔学院工作,在接下来的20年里,他在该学院从事从众性研究,并因此闻名于世。

艾伯特·埃利斯

出生时间	1913年9月27日
出生地点	美国宾夕法尼亚州匹兹堡
去世时间	2007年7月24日
重要成就	创立认知行为疗法

埃利斯是家中长子,父亲是位商人,经常出差,母亲患有躁郁症,没有行动能力,因此,他经常需要照顾弟弟妹妹。他自己本人也体弱多病,住院很多个月。青少年时期,他十分腼腆,19岁时,他强迫自己在一个月内与100个女人交谈,使自己不再对恐惧症感到敏感(这是认知疗法的一种早期形式)。在尝试经商和写作失败后,埃利斯在1947年进入临床心理学领域。20世纪50年代,他的早期研究兴趣在于性学,这也导致有些人将其视为"性革命创始人"。

玛丽·安斯沃思

出生时间	1913年12月1日
出生地点	美国俄亥俄州格兰岱尔市
去世时间	1999年3月21日
重要成就	依恋理论先驱

安斯沃思刚出生时名叫玛丽·索尔特，她与父亲关系很好，但是与母亲关系疏远。小时候，她就对知识充满渴望，贪婪地阅读各种书籍。年仅16岁，她就在加拿大多伦多学习心理学本科课程，并在1939年获得博士学位。她加入了加拿大军队，负责筛选士兵。在1950年嫁给一位心理学同行后，她与丈夫环游世界，甚至去了乌干达。正是在那里，她才第一次开始观察母亲和婴儿。

弗吉尼亚·萨蒂亚

出生时间	1916年6月26日
出生地点	美国威斯康星州尼尔斯维尔
去世时间	1988年9月10日
重要成就	创立家庭疗法

萨蒂亚5岁那年得了阑尾炎，母亲出于宗教原因，拒绝让她接受儿童医院的治疗。等到父亲推翻这个理由时，萨蒂亚已经有生命危险了。大约在这时候，萨蒂亚决定了自己一生工作的重点：替儿童监视父母的侦探。她先是受训成为一名教师，后来成为一名社会工作者，但最终，她开始实现儿童时期的"侦探"梦。她开始与家庭合作，梳理隐藏的关系。1962年，她获得了联邦基金，用于创立家庭疗法。

肯尼斯·克拉克

出生时间	1914年7月14日
出生地点	巴拿马运河区
去世时间	2005年5月1日
重要成就	揭示种族隔离的心理影响

克拉克是联合水果公司代理商的儿子，早年生活在中美洲巴拿马地区。他5岁那年，父母离异，母亲将他和妹妹带到纽约市哈莱姆区居住。克拉克在霍华德大学就读，在那里他最终遇了玛米·菲普斯——后来成了他的妻子（1938年）和40年的研究伙伴。为克拉克终身事业奠定基础的玩偶实验，起源于玛米的硕士学位论文。实验结果证明了学校种族隔离制度造成的不利影响，还成为民权法律斗争的关键证词。

利昂·费斯汀格

出生时间	1919年5月8日
出生地点	美国纽约
去世时间	1989年2月11日
重要成就	创立认知失调理论

费斯汀格的父母是美国俄裔犹太移民，居住在纽约布鲁克林区，他在激进的家庭环境中长大，23岁时成为一名研究员。在艾奥瓦大学时，他曾师从库尔特·勒温，从事心理学研究，并在1946年追随他一起前往麻省理工学院。10年后，他去了位于加州的斯坦福大学，在那里成立了自己的研究实验室，开始集中研究社会心理学。1968年，他回到纽约，研究视觉感知。由于没能看见明显进步，他失望至极，1979年，他彻底放弃了心理学。

罗伯特·扎荣茨

出生时间	1923年11月23日
出生地点	波兰罗兹市
去世时间	2008年12月3日
重要成就	临近效应社会心理学

15岁那年,扎荣茨和家人被迫离开家园,逃避纳粹德国的入侵。他们移居华沙,很快卷入一场空袭,父母双双丧生。纳粹德国统治期间,他在一所地下大学学习,后来被送往一所劳动营。他从劳动营逃离,再度被捕后,被送到法国的监狱,后来再度从监狱里逃脱。他加入了抵抗军,同时也在巴黎学习。1944年,他加入美国军队,成为一名翻译。第二次世界大战结束后,他在密西根大学工作到1994年。

唐纳德·布罗德本特

出生时间	1926年5月6日
出生地点	英国伯明翰
去世时间	1993年4月10日
重要成就	提出注意力过滤模型

布罗德本特家境富裕,儿童时期在威尔士度过,进入温切斯特公学学习。他还未完成学业,第二次世界大战就爆发了,于是他加入英国皇家空军。第二次世界大战后,他在剑桥大学学习心理学,毕业后,他又回到了部队的应用心理学中心帮助开发更好的控制体系和训练课程。这项工作为他后来研究注意力过滤奠定了基础。1958年,他成为应用心理学中心主任,1974年,他前往牛津大学工作,直到逝世。

阿尔伯特·班杜拉

出生时间	1925年12月4日
出生地点	加拿大艾伯塔省蒙达尔
去世时间	2021年7月26日
重要成就	演示了观察式学习

班杜拉在加拿大乡村一家小型农场社区长大,不得不对自己的教育负责。高中毕业后,他利用暑假在育空修路。他经历的艰苦生活导致他对变态心理学产生兴趣。1952年,他从艾奥瓦大学获得博士学位,很快成为一位美国公民。1953年,他去了斯坦福大学,如今是哈佛大学荣誉退休教授。正是在斯坦福大学,班杜拉创立了社会学习理论。

劳伦斯·科尔伯格

出生时间	1927年10月25日
出生地点	美国纽约州布朗克斯维尔
去世时间	1987年1月17日
重要成就	定义道德发展的阶段

在童年的大部分时期,科尔伯格和三个兄弟姐妹半年时间与母亲一起生活,另外半年与父亲一起生活。父母在他4岁那年离婚。他10岁时,要选择与父母哪一方一直生活下去,他最终选择了与母亲生活。1945年,他因为偷运犹太难民进入巴勒斯坦而遭到逮捕,入狱三年。出狱后,他搬往芝加哥,开始从事心理学研究。在攻读博士学位期间,他开始研究道德发展。科尔伯格长期患病,于1987年自杀。

埃里克·坎德尔

出生时间	1929年11月7日
出生地点	奥地利维也纳
去世时间	—
重要成就	揭示了记忆力的化学成分

1938年，奥地利被并入纳粹德国，坎德尔和家人离开家园。他们举家移民至纽约市布鲁克林区。坎德尔在哈佛大学获得的首个学位是历史与文学，他探讨的是纳粹主义的崛起。然而，在哈佛大学期间，他对斯金纳的工作产生了兴趣，斯金纳对心理学和神经系统科学做出了严格区分。坎德尔开始研究记忆力，试图理解记忆力之间的关联。20世纪60和70年代，坎德尔发现了记忆力的化学成分，并因此获得2000年度诺贝尔奖。

多萝西·罗维

出生时间	1930年12月
出生地点	澳大利亚新南威尔士州纽卡斯尔
去世时间	2019年3月25日
重要成就	提出抑郁公正世界理论

多萝西·罗维出生时名叫多萝西·康恩，在澳大利亚悉尼获得心理学学位，同时受训成为一名教师。她在学校工作了几年，抚养儿子。1959年，她开始受训成为一名教育心理学家，成为一名治疗情绪不正常儿童的专家。1968年结束婚姻后，她和儿子搬到英国住，在约克郡谢菲尔德为英国国家医疗服务体系工作。20世纪70年代，她开始写抑郁自救书。1986年，罗维开办私人诊所，成为一名临床心理学家。

大卫·罗森汉恩

出生时间	1929年11月22日
出生地点	美国新泽西州泽西城
去世时间	2012年2月6日
重要成就	测试了精神病学诊断系统

罗森汉恩成长于新泽西州正统犹太社区，1951年，他获得的首个学位是数学学位。接着，他获得了经济学硕士学位，最终于1958年获得心理学博士学位。罗森汉恩成为一名心理学家，将心理学方法运用于法庭审判。1970年，在世界领先的机构工作了10年后，他加入了斯坦福法学院。正是在那里，他发表了论文《当正常人在不正常的地方》，他在斯坦福大学工作直到去世。

菲利普·津巴多

出生时间	1933年3月23日
出生地点	美国纽约
去世时间	—
重要成就	斯坦福大学监狱实验首席研究者

津巴多是西西里后裔，在纽约市的一个艰苦地区长大。他通常被错认为波多黎各人或犹太人，因此通常遭到种族虐待。津巴多承认，正是这些经历，让他对人们为何那样对待他感兴趣。他有心理学、人类学和社会学学位，但他的硕士和博士阶段攻读的都是心理学，并于1959年在耶鲁大学获得博士学位。在美国东海岸任教后，他于1968年转往斯坦福大学任教，之后一直在那里工作。

斯坦利·米尔格拉姆

出生时间	1933年8月15日
出生地点	美国纽约市
去世时间	1984年12月20日
重要成就	探索顺从对行为的影响

米尔格拉姆是东欧犹太移民的儿子，他的整个大家庭被卷入大屠杀。第二次世界大战后，家庭幸存者与他住了一段时间，十几岁的他为自己制定了一个目标：了解人们如何相互做残忍的事。米尔格拉姆在获得博士学位仅两年后，就开展了顺从实验，并因此而闻名。米尔格拉姆感兴趣的还有反社会行为与荧幕暴力之间的关系，结果毫无发现。他最终死于心脏病，终年51岁。

伊丽莎白·洛夫特斯

出生时间	1944年10月16日
出生地点	美国洛杉矶
去世时间	—
重要成就	发现错误记忆综合征

伊丽莎白·洛夫特斯刚出生时名叫伊丽莎白·费希曼，她在位于洛杉矶西部的贝莱尔附近的上流社会长大。她14岁那年，母亲溺死。1966年，洛夫特斯在加州大学洛杉矶分校开始了自己的心理学生涯。在斯坦福大学攻读数学心理学博士学位（当时唯一的女性）期间，她与心理学家杰弗里·洛夫特斯结婚。她移居西雅图，研究真实场景中的记忆力，比如目击者证词。她在西雅图住了29年，如今在加州大学欧文分校担任教授职位。

丹尼尔·卡尼曼

出生时间	1934年3月5日
出生地点	以色列特拉维夫
去世时间	—
重要成就	开发出行为决策心理学

卡尼曼在法国巴黎长大，父母是立陶宛移民。母亲在特拉维夫拜访亲戚时生下了他，特拉维夫后来成为以色列的一部分。1940年法国被德国征服后，卡尼曼一家在战争余下的岁月里住在法国。他的父亲死于糖尿病，后来他举家迁往以色列特拉维夫。1954年毕业后，卡尼曼在以色列做一名心理学家。1958年，他移居美国；1968年，在美国遇见主要合作者阿莫斯·特韦尔斯基。卡尼曼现如今在普林斯顿大学工作。

史蒂芬·平克

出生时间	1954年9月18日
出生地点	加拿大蒙特利尔
去世时间	—
重要成就	进化心理学家和作家

平克在一个舒适的家庭环境中长大，争分夺秒地发展自己的学术生涯。1979年，他从哈佛大学获得实验心理学学位。接下来，他在麻省理工学院工作了一年，然后在哈佛大学和斯坦福大学短暂做过一段时间助理教授。1982年，平克加入麻省理工学院认知科学中心，很快成为中心主任，在那里一直工作到2003年。20世纪90年代，平克开始成为一名科普作家，著有多部有关认知科学和进化心理学的著作。

参考文献及其他

Ariely, Dan. *Predictably Irrational: The Hidden Forces That Shape Our Decisions.* 2007.

Barry, Susan R. *Fixing My Gaze: A Scientist's Journey into Seeing in Three Dimensions.* 2009.

Burkeman, Oliver. *The Antidote: Happiness for People Who Can't Stand Positive Thinking.* 2012.

Burns, David. *Feeling Good: The New Mood Therapy.* 1980.

Carnegie, Dale. *How to Win Friends and Influence People.* 1936.

Chomsky, Noam. *Reflections on Language.* 1975.

Csikszentmihalyi, Mihaly. *Flow: The Psychology of Optimal Experience.* 1990.

Duhigg, Charles M. *The Power of Habit: Why We Do What We Do, and How to Change.* 2012.

Dweck, Carol. *Mindset.* 2017.

Frankl, Viktor E. *Man's Search for Meaning.* 1946.

Freud, Sigmund. *A General Introduction to Psychoanalysis.* 1952.

—*The Interpretation of Dreams.* 1900.

Fromm, Erich. *The Art of Loving.* 1956.

Gladwell, Malcolm. *Blink: The Power of Thinking Without Thinking.* 2005.

Hutson, Matthew. *The 7 Laws of Magical Thinking.* 2012.

Jamison, Kay Redfield. *An Unquiet Mind: A Memoir of Moods and Madness.* 1995.

Jung, Carl Gustav. *Man and His Symbols.* 1964.

—*Memories, Dreams, Reflections.* 1961.

Kahneman, Daniel. *Thinking, Fast and Slow.* 2011.

Köhler, Wolfgang. *Gestalt Psychology.* 1947.

McRaney, David. *You Are Not So Smart: Why Your Memory Is Mostly Fiction, Why You Have Too Many Friends on Facebook, and 46 Other Ways You're Deluding Yourself.* 2011.

Milgram, Stanley. *Obedience to Authority.* 1974.

Mischel, Walter. *The Marshmallow Test: Understanding Self-Control and How to Master It.* 2014.

Nolen-Hoeksema, Susan, Barbara L. Fredrickson, Geoffrey R. Loftus, and Christel Lutz. *Atkinson & Hilgard's Introduction to Psychology,* 16th Edition. 2014.

Perry, Gina. *Behind the Shock Machine.* 2013.

Pink, Daniel H. *Drive: The Surprising Truth About What Motivates Us.* 2008.

Ronson, Jon. *The Psychopath Test: A Journey Through the Madness Industry.* 2012.

Sacks, Oliver. *The Man Who Mistook His Wife for a Hat and Other Clinical Tales.* 1985.

Skinner, B.F. *Beyond Freedom and Dignity.* 1971.

Sommers, Christina Hoff and Sally Satel. *One Nation Under Therapy: How the Helping Culture Is Eroding Self-Reliance.* 2005.

Stout, Martha. *The Sociopath Next Door.* 2005.

Whippman, Ruth. *The Pursuit of Happiness: Why Are We Driving Ourselves Crazy and How Can We Stop?* 2016.

Zimbardo, Philip G. *The Lucifer Effect: Understanding How Good People Turn Evil.* 2007.

应用程序

3D Brain

Dream:ON

Expereal

Headspace

Live Happy

Mindshift

My Mood Tracker

Thought Diary Pro

Way of Life

档案

Alfred Adler Papers, Library of Congress, Washington D.C., USA

Archives of the History of American Psychology, Drs. Nicholas and Dorothy Cummings Center for the History of Psychology, University of Akron, Ohio, USA

Jean-Martin Charcot correspondence, United States National Library of Medicine, Bethesda, Maryland, USA

Jean-Martin Charcot Library, School of Neurology, Hôpital Pitié-Salpêtrière, Paris, France

Anna Freud Papers, Library of Congress, Washington D.C., USA

Sigmund Freud Archives, Library of Congress, Washington D.C., USA

William James papers, Houghton Library, Harvard College Library, Harvard University, Massachusetts, USA

C.G. Jung Papers Collection, ETH Zurich, Switzerland

R.D. Laing Collection, University of Glasgow, Scotland

Abraham Maslow papers, Drs. Nicholas and Dorothy Cummings Center for the History of Psychology, University of Akron, Ohio, USA

Stanley Milgram papers, Yale University Library, USA

Jean Piaget Archives, University of Geneva, Switzerland

B.F. Skinner Foundation, Cambridge, Massachusetts, USA

Wilhelm Wundt lectures, University of Leipzig, Germany

Philip G. Zimbardo Papers, Stanford University, USA

可参观的博物馆等

Bethlem Museum of the Mind, London, UK

The Brain Museum, Lima, Peru

Freud Museum London, UK

Sigmund Freud Museum, Vienna, Austria

Carl Jung Institute, Los Angeles, California

C.G. Jung House Museum, Küsnacht, Zurich, Switzerland

National Museum of Psychology, Drs. Nicholas and Dorothy Cummings Center for the History of Psychology, University of Akron, Ohio, USA

Oregon State Hospital Museum of Mental Health, Salem, Oregon

Psychology Museum, University of Sydney, Sydney, Australia

Wellcome Collection, London, UK

组织机构

American Psychological Association

Arab Union of Psychological Science

Asian Psychological Association

Austrian Psychological Society

Brazilian Society of Psychology

British Psychological Society

Canadian Psychological Association

Caribbean Alliance of National Psychological Associations

Chinese Psychological Association

European Federation of Psychological Associations

Federación Iberoamericana de Asociaciones de Psicología

French Psychological Society

German Society for Psychology

International Association of Applied Psychology

International Psychoanalytical Association

International Union of Psychological Science

Italian Psychological Society

Japanese Psychological Association

C.G. Jung Club London

Pan-African Psychology Union

Russian Psychological Society

Spanish Psychological Association

World Federation for Mental Health

图片致谢

正文部分

Alamy: Age Fotostock 66b, Everett Collection Inc 73cr, 135bl, Paul Fearn 34, John Gaffen 28br, Geraint Lewis 89, Gado Images 135tl, Granger Historical Picture Archive 54r, 66tr, 134br, 135br, Interfoto 53br,59tl, 68tl, 134tl, 135tr, 136tl, 136tr, 138br, Bjanka Kadic 38b, Keystone Pictures USA 74tl, Palo Mera 138tr, Moviestore Collection Ltd 73bl, Pacific Press 68br, Photo Researchers 40tr, Science History Images 55, 57, 86br, Splash News 139bl, Sputnik 117tr, The Granger Collection 25tr; **Getty Images**: Bettmann 74br, Denver Post 138bl, JHU Sheridan 136bl, Libraries/Gado 136bl, Lee Lockwood 137br, Stringer/Koko Nagahana 110tr; **Library of Congress**: 6tr, 36br, 37 all, 39, 63; 132bl, **Mary Evans Picture Library**: 44, 59cr, 93tr; **National Library of Medicine**: 46tr, 133bl, 133br; **Public Domain**: 28tr; **Rex Features/Shutterstock**: Derek Parfit 99tl; **SCETI**: Edgar Fahs Smith Memorial Collection 11b; **Shutterstock**: Francesco Abrignani 111c, Aloha Hawaii 60, Hans Gert Broeder 87cr, Marianne Campolongo 127c, Deep Space 78tl, T. Den 115br, Marc Dietrich 79, Dean Drobot 115bl, Dubova 61tr, Durantellera 108, Everett Art 38tr, Everett Collection 106, 125b, Everett Historical 24t, 132tr, Oleg Golovnev 41tr, Peter Gudella 90, Gwoeii 64, Christopher Halloran 113tl, Andrea Izzotti 10bl, Brian A. Jackson 101bl, Filip Jedraszak 103, Grabesh Kovmaxim 114tr, Susan Law Cain 48, Lili Graphie 56bl, 56bcl, Lyudmila 2509 93bl, Olga Lyubkin 104tr, Zoltan Major 51, Fabio Mazzarotto 124tl, Luciano Mortula 102, Roman Nerud 56br, 91, Obert-art 7c, 105, Olimpik 69, One Photo 127br, Phanlamai Photo 126t, Jura Polezal 114bl, Anita Pomme 126bl, Dario Lo Presti 78br, pxl store 86tl, Andrea Raffin 99br, Rikke 95, Simple FPS 111b, Sinseeho 117bl, Speedkingz 104bl, Stock Asso 124br, Studio 11 20t, Sunflower 129t, Rena Schild 139bl, Golyamin Sergej 70, Dietmar Temps 87cl, 138tl, Travel Strategy 10tr, Ultimas 101tr,Sandra Van der Steen 115bc, Victoria 1 110bl, Kay Welsh 84bl; **Science Photo Library**: Corbis O'Grady Studio 137tr, Estate of Francis Bello 136br, K H Fung 2; **The Wellcome Library, London**: 4, 4-5, 6br, 7tl, 11cl, 12b, 14tr, 15tr, 16bl, 17t, 18tl, 18cr, 19b, 20bl, 22tl, 22br, 23tl, 23br, 29cl, 29br, 33tl, 33br, 45cl, 45b, 83, 130tr, 130bl, 130br, 131tl, 131tr, 131bl, 132br; **Thinkstock**: 31tr; **Wikipedia**: 3, 5, 6bl, 7b, 12t, 13t, 13b, 14bl, 15cl, 15br, 16tr, 17b, 19cl, 21, 25b, 26l, 26r, 27tl, 28cl, 30l, 30br, 31b, 32, 35, 36bl, 40bl, 41bl, 42, 43tr, 43br, 46bl, 47, 49tr, 49bl, 50tr, 50bl, 52, 53t, 54b, 61bl, 67, 71, 81, 84tr, 88, 92, 107, 113br, 115tr, 116, 131br, 132tl, 133tl, 133tr, 134tr, 134bl, 137tl, 139tr, Daniel G. Axtell 27br, Albert Bandora 137bl, Dr Dennis Bogdan 85, Steven Pinker 139br; **Roy Williams**: 56bcr, 109, 112, 128, 129brc, 129br.

时间轴

Alamy: Everett Collection, Niday Picture Library, Photo Researchers, Pictoral Press, Pictoral Press, World History Archive; **Getty Images**: Hulton Archive; **Library of Congress**; **Mary Evans Picture Library**; **NASA**; **SCETI**: Edgar Fahs Smith Memorial Collection; **Shutterstock**: Choo Chin, ESB Professional, ESP , Everett Historical, Flint, Ben Gingell, Graficam Ahmed Saeed, Imagist, Jon Nicholls Photography, Jovisvo, Laborant, Lenscap Photography, Dan Kosmayer, McCarthy's Photoworks, Noppason Wongchum, OBJM, Byelikova Oksana, Olga Popavo, Jan Schneckenhaus, Slevko Sereda, Spatuletail, Lisa Strachan; **The Wellcome Library, London**; **Thinkstock**: Dorling Kindersley, Photos.com; **Wikipedia**. **Shutterstock**: Olga Bolbot

心理学发展史时间轴

《心理的奥秘》

约公元前1000年 | 约公元650年

心理学

约公元前10000年
首次找到**环钻术**存在的证据。环钻术也就是在头颅上钻或凿开一个孔。据说这样做是为了释放能造成身体和心理疾病的邪恶幽灵。

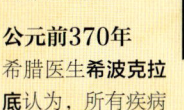

公元前370年
希腊医生**希波克拉底**认为，所有疾病都是由体内四种体液不平衡造成的。

环钻术

公元前300年
希腊哲学家**柏拉图**提出，人类的积极性是由三个分别位于肝脏、心脏和大脑的灵魂激发的，它们分别控制肉欲、道德和美德，以及理性。

公元177年
希腊医生**盖伦**提出了合成大脑形式和功能的一种新方法。他认为主要神经与身体其他部位产生关联，控制这些部位的动作。

盖伦

约公元650年
当时，治疗精神疾病的方法十分残酷。来自**埃伊纳岛的保罗**认为，精神疾病患者应该被绑起来。

公元705年
世界上首批精神病学家，也就是专治精神疾病的医生开始在伊斯兰世界工作。巴格达开办了世界上首家**精神病医院**。

科学

公元前3200年
轮子在苏美尔被发明。

公元前1200年
小亚细亚进入**铁器时代**。

公元前345年—公元前265年
欧几里得写出了伟大数学著作《几何原本》。

公元前260年
数学家、发明家**阿基米德**正值青壮年时期。

公元前240年
在中国，人类首次记录到哈雷彗星。

阿基米德

公元127年
托勒密发表了《天文学大成》，这是一部经典天文学纲要。

公元900年
中国研制出原始爆炸物**黑火药**。

托勒密

世界

公元前3500年
世界上首个文明在**美索不达米亚**出现。

公元前509年
罗马王国成为罗马共和国。

公元前500年
尼日利亚诺克文化开始繁荣发展。

尼日利亚诺克文化

公元前336年
马其顿王国**亚历山大大帝**开始征服战。

公元前476年
西罗马帝国灭亡。

亚历山大大帝

公元700—1200年
阿拉伯黄金时代，巴格达和科尔多瓦出现城市中心。

公元800—1050年
维京人袭击、征服和探索欧洲及其他地方。

公元250年
墨西哥和中美洲进入**玛雅文明**黄金时代。

公元300年
埃塞俄比亚城市阿克苏姆开始发展。

公元690—691年
伊斯兰教最早的纪念性建筑**圆顶清真寺**在耶路撒冷建成。

文化

公元前9000年
利比亚**岩画**中出现了大象、鸵鸟等动物和人类。

公元前3200年
埃及象形文字和苏美尔楔形文字出现，这是世界上首批严格意义上的书写体系。

公元前580年
毕达哥拉斯学派发现音乐和声是由简单的比例组成的。

公元前214年
中国建造**万里长城**（始建于西周时期）。

C

E

D

F

选择答案

答案：A-6、B-5、C-4、D-4、E-3、F-2。

非语言推理测试

如何测试和比较说不同语言、在不同学校就读、不同年龄的人的智力？答案是非语言推理测试。这类测试通常让人们根据形状和颜色模式选择下一个项目。没必要提供信息寻找答案，也没必要阅读和理解特定的单词。你可以尝试做下面几道题。有的题比另外的题简单些，但是并没有时间限制，因此，慢慢做，看你能想出什么来。发动你的聪明才智吧！

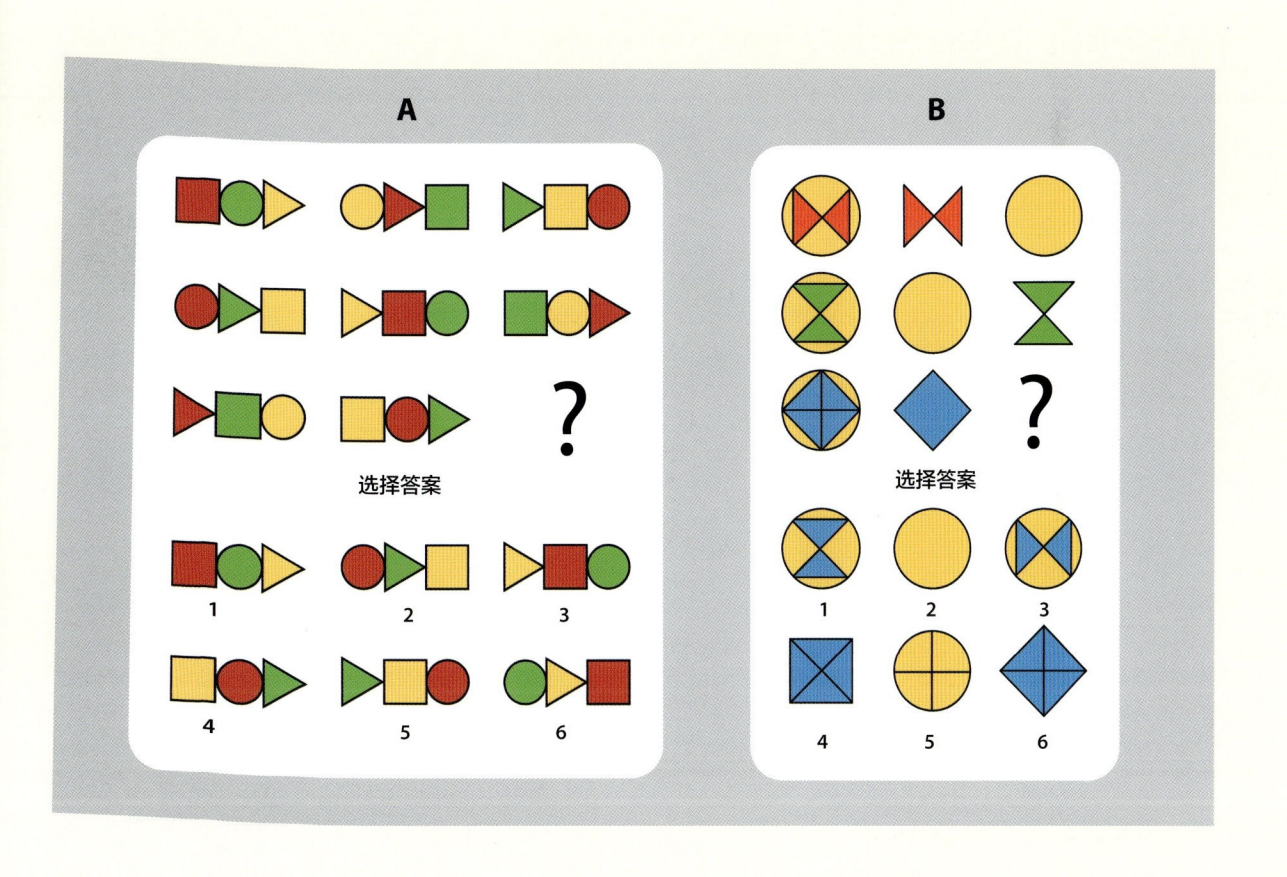

约公元1000年

约公元1000年
大脑中**充满液体的脑室**被认为是推论、记忆和知觉等多种高等功能的源泉。

1025年
波斯内科医师和哲学家**阿维森纳**提出"共同"意识，即大脑将外部世界的感官信息合并成单一感知，与理性大脑一起运作。

约1088年
沈括写了《梦溪笔谈》，对磁罗盘、活字印刷术等中国发明和技术进行了记录。

诺曼人征服

1066年
诺曼人征服英格兰。

11世纪
大津巴布韦在非洲南部成立。

1215年
英格兰约翰王签署《**大宪章**》，确立了某些权利和自由。

1136年
哥特式艺术和建筑开始在欧洲出现。

12世纪
吴哥窟庙宇群在柬埔寨建成。

1300年
复活节岛人开始建造巨型雕像。

1265年
意大利哲学家**托马斯·阿奎那**试图连接理性大脑和非理性情绪，提出了激情与情绪的层级关系，奠定通往美好生活或虔诚生活的基础。

1375年
在英国，**驱魔术**成为治疗精神疾病的强制治疗手段。牧师被召唤驱除缠住人体的恶魔。

托马斯·阿奎那

1202年
列奥纳多·斐波那契向欧洲引进了阿拉伯数字、小数位和零的概念。

1440年
约翰尼斯·古登堡发明了欧洲活字印刷术。

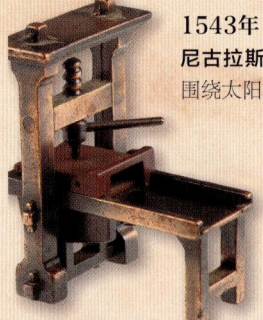

1206年
成吉思汗建立蒙古帝国。

15世纪初
欧洲地理大发现开始。

1453年
奥斯曼土耳其帝国征服了君士坦丁堡，拜占庭帝国陷落。

1438年
马丘比丘在秘鲁建成。

1500年
欧洲**文艺复兴**运动。

1503—1506年
列奥纳多·达·芬奇创作《蒙娜丽莎》。

复活节岛人

1520年
克罗地亚学者**马克·马努尼**发明了"psichiologia"一词，最终成为"心理学"这一术语。

1650年
法国人**勒内·笛卡儿**提倡身体与心灵分开的二元主义观点，表示身体是一部生物机器，由完全分开、无形的心灵或灵魂掌控。

1543年
尼古拉斯·哥白尼论证地球围绕太阳转。

1609年
约翰尼斯·开普勒发表了行星第一和第二定律。

古登堡发明的印刷机

1526年
巴布尔在印度建立了莫卧儿王朝。

1603年
德川幕府在日本建立。

1606年
英国在北美洲的第一个殖民地于**詹姆斯敦**建立。

1618—1648年
欧洲**三十年战争**。

1619年
第一批**非洲奴隶**被运往北美洲殖民地。

1564—1616年
英国剧作家**威廉·莎士比亚**的一生。

1664年
英国医生托马斯·威利斯发表了第一份大脑科学解剖图，揭示大脑内的血液运输状况。他将大脑中的各个区域与精神功能联系起来。

1689年
英国哲学家约翰·洛克正式提出了白板这一概念，表示人在出生时不具备任何知识。因此，所有心理过程，包括疾病，都是生活经历的结果。

勒内·笛卡儿

1610年
伽利略发布了关于太阳、月亮和行星的观察结果。

1650—1700年
欧洲启蒙运动开始。

1687年
艾萨克·牛顿提出了万有引力定律。

1666年
伦敦大火毁灭了大部分旧城，但同时也清除了瘟疫。

伦敦大火

1669年
印度孟加拉大饥荒饿死大约300万人。

1683年
奥斯曼帝国繁荣发展，统治了中东大部分地区。

1632—1635年
印度沙贾汗建造**泰姬陵**。

1644年
中国的清朝开始对一些民族的男性实行"剃发令"。

1700年　　　　　　1800年

1710年
爱尔兰哲学家**乔治·贝克莱**提出，唯一存在的事物是大脑中创造的观点。物理世界之所以存在，是因为它能被人们感知到。

1774年
德国医生**弗朗茨·梅斯梅尔**发展出催眠方法——催眠术，他认为催眠术能治疗精神疾病。

1701年
杰斯罗·塔尔发明了条播机，掀起了一场农业革命。

18世纪50年代
英国开始进行**工业革命**。

工业革命

1764年
詹姆斯·瓦特发明了第一台蒸汽机。

1775—1783年
美国独立战争。

1788年
英国在澳大利亚建立第一个殖民地**博塔尼湾**。

1789年
法国大革命。

法国大革命

18世纪
欧洲出现巴赫、贝多芬、亨德尔、莫扎特和维瓦尔第等**作曲家**。

弗朗茨·盖尔

1808年
德国生理学家**弗朗茨·盖尔**开发了颅相学这一伪科学，认为头颅的形状及其凸起和肿块可以用于识别人格类型。

1834年
古斯塔夫·费希纳和恩斯特·韦伯分别独立提出的**韦伯-费希纳定律**将刺激与感知联系起来。增加声音或其他刺激的强度，并不能精确转化成感知的增加。

1844年
丹麦哲学家**索伦·克尔凯郭尔**创立了存在主义。他指出，焦虑和相关联的精神疾病是由于完全隔绝自我造成的——这也给人们提供了选择自己想要的生活的机会。

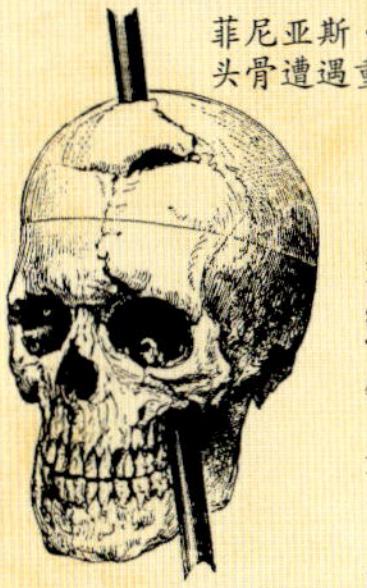

1842—1843年
阿达·洛芙莱斯编写了世界上首个计算机程序。

1844年
塞缪尔·莫尔斯发送了世界上第一份电报。

1836年
得克萨斯州宣布从墨西哥独立。

1837年
维多利亚女王登上王位。

1838年
眼泪之路，**彻罗基族人**被赶出家园。

1840—1842年
英国对中国发动**第一次鸦片战争**。

1800年
亚历桑德罗·伏特发明了伏打电堆。

1809年
博学者卡尔·弗里德里希·高斯发表了《天体运动论》。

1823年
查尔斯·巴贝奇设计了世界上首台机械计算机。

1804年
拿破仑·波拿巴成为法国皇帝，开始征服欧洲，直到1815年在滑铁卢被打败。

1811—1825年
拉丁美洲解放战争，反对西班牙统治。

1826年
日本画家葛饰北斋创作了《富岳三十六景》。

1835年
巴黎**凯旋门**建成。

1839年
英国首届皇家**赛舟会**在伦敦泰晤士河畔亨利镇举行。

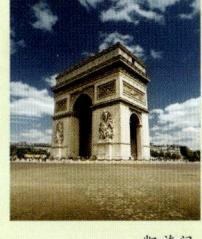

1800
华盛顿特区的**白宫**竣工。

1813
简·奥斯汀的小说《傲慢与偏见》出版。

1818年
玛丽·雪莱出版《弗兰肯斯坦》，被很多人视为世界上第一部科幻小说。

凯旋门

菲尼亚斯·盖奇的头骨遭遇重伤

1848年
美国铁路工人**菲尼亚斯·盖奇**被一只铁棒从眼窝刺穿到头颅顶部，他存活了下来，但是个性发生了改变。心理学家运用这一案例来探讨大脑的物理结构对个性的影响。

1859年
迪安·勒努瓦发明**内燃机**。

1864年
路易斯·巴斯德发现了巴氏杀菌法。

1869年
德米特里·门捷列夫发明了元素周期表。

1853—1856年
在克里米亚战争中，**弗洛伦斯·南丁格尔**和其他人一道改革了护士这个职业。

1861—1865年
美国内战结束了美国的奴隶制度。

美国内战

1848年
卡尔·马克思和弗里德里希·恩格斯发表《共产主义宣言》。

1852年
哈里特·比彻·斯托发表反奴隶制小说《汤姆叔叔的小屋》。

卡尔·荣格：原型理论

（图示：原型轮盘）

外圈原型：创造者、天真者、智者、探索者、英雄、魔术师、叛逆者、孤儿、小丑、情种、照顾者、统治者

中圈关键词：创新、安全、共情、自由、征服、权力、解放、归属感、压力、亲密、服务、控制

内圈核心价值：秩序、自由、自我实现、社交

卡尔·荣格

卡尔·荣格是一名瑞士牧师唯一幸存的儿子。他的母亲患有抑郁症，在荣格童年的很长一段时间里，母亲都在住院。作为一名儿童，荣格认为自己具有两种人物角色：一个是儿童，另外一个是过去一位备受尊敬的老年人。他与父亲建立了牢固的关系，但是认为母亲让自己感到失望，导致了某种厌女症——成年后，他成了一名风流男子。荣格心理学是荣格神秘体验和情绪体验结合的结果，他提出，个性是集体潜意识中运作的原型的产物。

埃里克·埃里克森：心理学发展理论

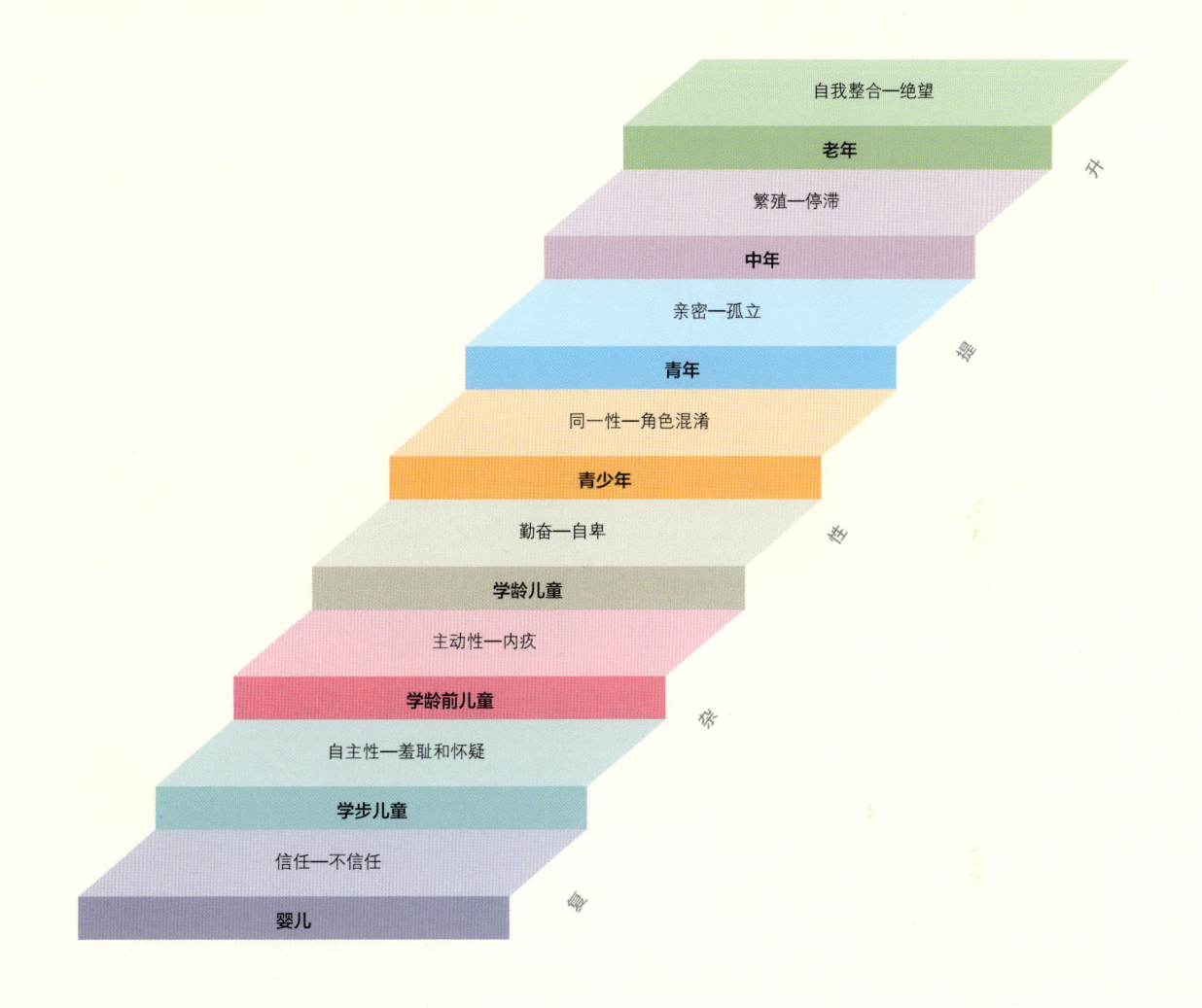

阶段	冲突
老年	自我整合—绝望
中年	繁殖—停滞
青年	亲密—孤立
青少年	同一性—角色混淆
学龄儿童	勤奋—自卑
学龄前儿童	主动性—内疚
学步儿童	自主性—羞耻和怀疑
婴儿	信任—不信任

埃里克·埃里克森

　　埃里克森最出名的成就是，分析人自出生以来心理学发展的典型阶段，尽管他自己的早年生活一点也不典型。他的母亲在怀有身孕期间逃离了自己的祖国丹麦。母亲一手抚养他，直到改嫁给为儿子治病的医生。医生告诉小埃里克森，两人之间具有血缘关系，直到后来才真相大白——埃里克森的父亲是个默默无闻的丹麦人。当成为一名受训的弗洛伊德学派精神分析师后，埃里克森于1933年移居美国，他选择抛弃继父和母亲的姓氏，改姓埃里克森。

1870年
英国神经病学家**亨利·莫兹雷**概述了一系列情绪障碍，即病人的个性出现病态，对他们本人和其他人造成不幸、困难和危险。

1872年
英国自然主义者**查尔斯·达尔文**试图将情绪的功能解释为一种心理反射，为身体面对情况突然转变做好准备。他认为，精神疾病是由于这些情绪被不恰当地触发而造成的。

1874年
德国生理学家**威廉·冯特**的著作《生理心理学原理》是第一本实验心理学教科书。他在德国莱比锡大学创立了世界上第一家心理学实验室。

1878年
法国神经学家**让-马丁·沙可**认为癔症——用于指代女性可能无法预测的行为的古代概念，同样也会导致男人患精神疾病，但是通常无法被辨别出来。

1885年
詹姆斯-兰格理论是以**威廉·詹姆斯**和**卡尔·兰格**的名字命名的，该理论认为，情绪是由于身体被唤醒造成的，身体接下来导致大脑感知某一特定情绪。

1886年
有观点认为，大脑是由两个既对立又合作的半球组成的，这一观点由于苏格兰作家**罗伯特·路易斯·斯蒂文森**出版的《变身怪医》一书而获得更大知名度。某些人格特质归因于大脑的其中一个半球，而心理问题和道德缺失则是由于错误的半球占统治地位造成的。

查尔斯·达尔文

1872年
发现**亨廷顿病**。
皇家海军军舰挑战者号远征奠定了**海洋学**的基础。

1869年
苏伊士运河开通。

1870—1871年
普法战争。

1871年
德国各州统一成为**德意志帝国**。

普法战争

1876年
亚历山大·格拉汉姆·贝尔和伊莱沙·格雷独立发明了**电话**。

1877—1883年
托马斯·爱迪生发明了留声机和可实际运用的电灯泡。

1872年
美国**黄石国家公园**成为世界上首个国家公园。

1873年
皇家骑警的前身——西北骑警在加拿大成立。

1874年
国际条约成立**邮政总联盟**，以促进国际邮政系统的发展。

1877年
乔凡尼·斯基亚帕雷利绘制了一幅火星运河图，点燃了有关外星生命的辩论（当时由于观测设备受限，人们认为火星上有运河）。

托马斯·爱迪生

1879年
祖鲁战争期间，英国军队在伊散德尔瓦纳战役中被击败，但是在罗克渡口战役中击退祖鲁军队。

1883年
印尼**喀拉喀托火山**爆发。

喀拉喀托火山

1878年
路易斯·巴斯德发现疾病是由微生物引起的。

1884年
史丹佛·佛莱明组织了全球时区标准化。

1885年
卡尔·本茨发明了世界上第一辆汽车。

1886年
尼古拉·特斯拉开发了现代电力网络中运用的**交流电体系**。

1885年
比利时国王利奥波德二世建立**刚果自由邦**作为自由领地。
日本第一批劳工移民抵达夏威夷。

1868年
新艺术运动。

1869年
列夫·托尔斯泰发表长篇小说《**战争与和平**》。

1870年
柴可夫斯基和**瓦格纳**创作乐曲。

1871年
皇家阿尔伯特音乐厅在英国伦敦开放。

柴可夫斯基

1871年
P.T.巴纳姆马戏团在美国纽约成立。

1872年
儒勒·凡尔纳发表科幻小说《**80天环游地球**》。

1874年
印象派画家在巴黎举行第一次艺术展览。

1880年
工艺美术运动在英国兴起。

1885年
吉尔伯特和萨利文的歌剧《**日本天皇**》在伦敦首演。

1886年
自由女神像在美国落成。
罗丹创作雕塑《**吻**》。

1887年
夏洛克·福尔摩斯系列小说第一篇开始发表。

巴甫洛夫的实验

1906年
伊万·巴甫洛夫探索调节作用，即动物学会对与奖励（例如食物）或者惩罚联系起来的刺激做出反射性反应。

1911年
尤金·布鲁勒对精神分裂症进行现代描述。

1912年
卡尔·荣格开始基于心理虚构的、他所谓的"原型"创立与弗洛伊德不同的精神分析理论。
阿尔弗雷德·阿德勒提出自卑情结，认为抑郁和焦虑的根源是长期缺乏自尊。

1913年
雅various布·莫雷诺研究集体疗法的功效，该疗法鼓励人们自发表演"心理剧"，以揭示内心的感觉。

1917年
沃尔夫冈·科勒试图用黑猩猩的能力来演示人类的智力和认知能力。

1920年
一些德国心理学家发起了**格式塔运动**。
在"小艾伯特实验"中，约翰·沃森和罗莎莉·雷纳向人们展示，婴儿对刺激的反应方式可以与巴甫洛夫实验中狗的反应一样。

1921年
赫曼·罗夏克介绍了自己开发的墨迹测验，目的是揭示实验对象的内心感受。该测验在20世纪60年代大受欢迎，但在当时并未受到重视。

卡尔·荣格

1905年
威廉·贝特森发明了"遗传学"一词。

1908年
福特T型车诞生。

1912年
维克托·赫斯首次发现了宇宙射线。
卡西米尔·芬克发现了维生素。
阿尔弗雷德·魏格纳提出大陆漂移学说。

1913年
尼尔斯·玻尔发表原子结构模型，认为电子沿着原子核轨道运行。

1916年
爱因斯坦广义相对论指出，时空是可以弯曲的，并预测了黑洞的存在。

1919年
"共价"这个术语用来描述化学键模型。

1919年
日全食时，光线会弯曲。
首个横跨大西洋的航班起飞。

1920年
发现胰岛素。
发现树轮定年法。

1926年
约翰·洛吉·贝尔德发明了电视机。

福特T型车

1904年
日俄战争。

1908年
青年土耳其党在土耳其发动叛乱。

1909年
奥地利吞并波斯尼亚和黑塞哥维那。

1911—1912年
辛亥革命结束了中国几千年的封建制度，建立了民主共和国。

1909—1912年
巴勃罗·毕加索和乔治·布拉克发展了**立体派**艺术形式。

约1910年
爵士乐在美国发展。

泰坦尼克号

1912年
泰坦尼克号在大西洋撞上冰山后沉没。

1912—1913年
巴尔干战争。

1911年
第一家**好莱坞电影制片厂**开业。

1912年
出现夏加尔、爱泼斯坦、克莱、莫迪利亚尼等**艺术家、雕塑家**。

1912年
出现马勒、拉威尔、施特劳斯和欧文·柏林在内的作曲家。

1914—1918年
第一次世界大战。

1914年
巴拿马运河开通。

1917年
俄国十月革命。

1918—1919年
全球流感导致大约两千万人丧生。

1913年
狐步舞成为一种流行舞蹈。

1914年
查理·卓别林的默声电影《流浪汉》上映。
小说《人猿泰山》出版。

第二次世界大战

1919年
联合国的前身——**国际联盟**成立。

1919—1933年
美国实行**禁酒令**。

1949年
中华人民共和国在毛泽东的领导下成立。

20世纪20年代
出现鲍豪斯建筑学派、装饰艺术、超现实主义、美国表现主义、苏联构成派和加拿大七人画派等**艺术运动**。

1921年
英国广播公司成立。

1922年
霍华德·卡特在埃及发现图坦卡门的坟墓。

大五类人格

焦虑、敌对、抑郁、自觉意识、冲动、脆弱

温暖、合群性、自信、活跃、追求兴奋感、积极情绪

神经质（情绪不稳定）

外向性（关注外部世界）

宜人性（关注别人）

谨慎性（关注结果）

大五类人格

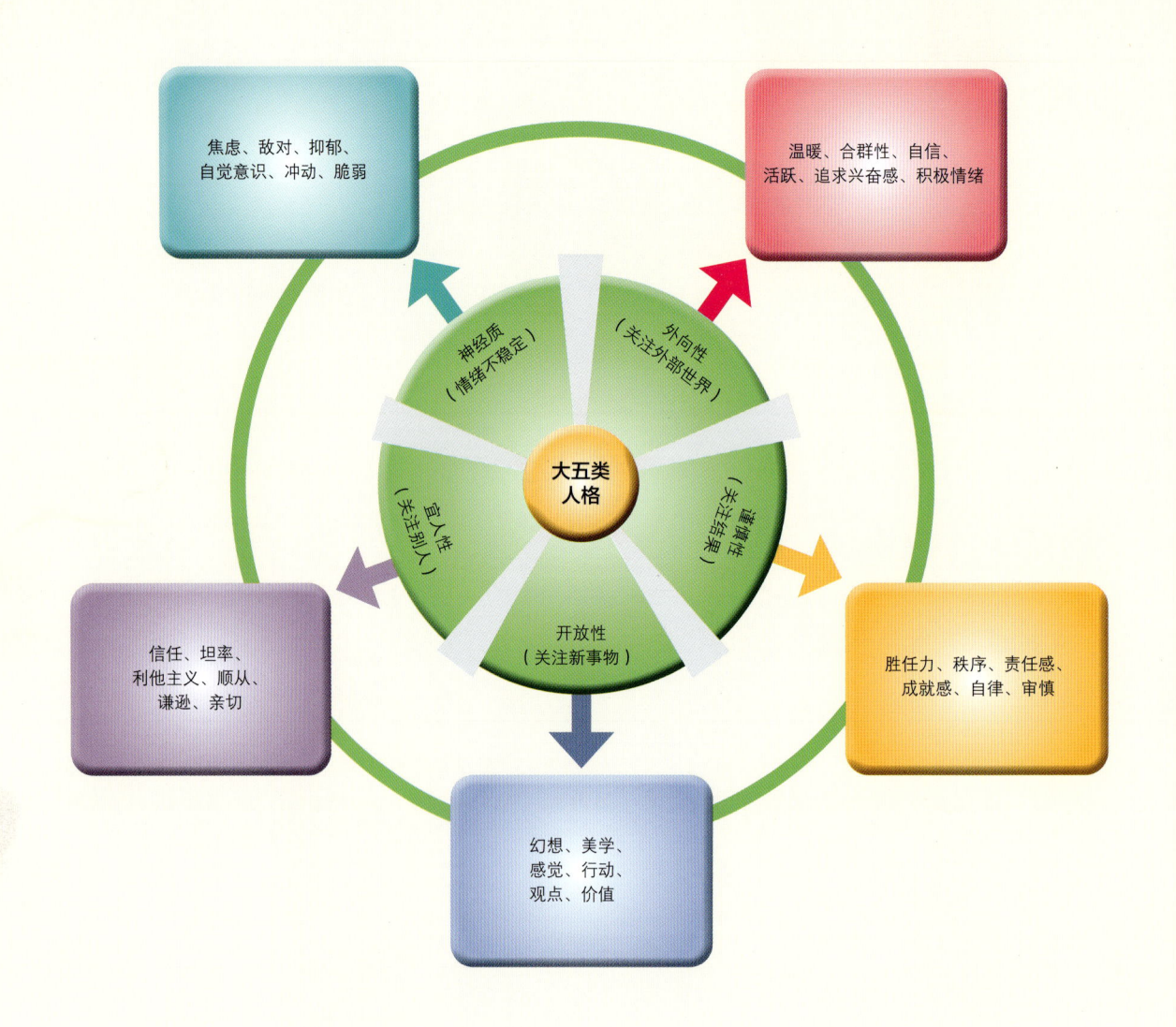

开放性（关注新事物）

信任、坦率、利他主义、顺从、谦逊、亲切

胜任力、秩序、责任感、成就感、自律、审慎

幻想、美学、感觉、行动、观点、价值

测量人格

20世纪80年代，开发出了这样一种比较体系，被称为五因素模型，或者更常见的名称叫大五类人格测试。就像名称所暗示的那样，该测试将每项人格都分成五个基本特性——外向性、谨慎性、开放性、宜人性和神经质。测验以问卷的形式进行，每个问题都旨在给这些特质打分。这些特质还进一步分成六个叫作基本面的亚组别，问卷（由几十个问题组成）还能用来极其详细地量化人格。

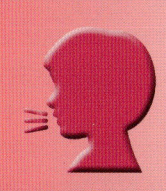

外向性

外向性的人从其他人那里寻求刺激。他们爱说话和社交。在寻求最新的兴奋感时，也可能变得爱冒险，敢于承担风险。他们在大部分时间里可能会体验积极情绪，将世界作为一片玩乐之地。他们关注的就是实验这个目的。与此形成对比的是，外向性低的人，被称为内向性格者，他们认为，自己的大脑已经够忙碌了，想要独处来寻找内心的宁静。他们喜欢外向性的人认为太枯燥无聊的活动。内向性格者确实喜欢社交，但是更喜欢每次跟几个人进行深入交谈。他们不愿意冒险，体验的情绪高潮不如外向者多，但是情绪更加稳定。

谨慎性

高度谨慎的人是实干家。他们倾向于富有生产力，因为他们在追求清晰目标时有条理秩序。他们为自己的行动负责，出于追求更大好处的责任感，努力想减轻其他人的坏行为。然而，他们也可能变得焦虑，或者被其他人的行为惹恼。谨慎性低的人行为是自发的，生活无条理，他们很少为此负责。他们经常拖延任务，但是通常感到放松——或者至少看起来很放松。

开放性

该特征是为了捕捉人格中的创造中元素，因此是个定义宽泛的概念。开放的人倾向于欣赏各种形式的艺术。艺术是新生活方式的表现形式（并不总是好的，但总是新鲜），开放的人喜欢考虑这些新生活方式。他们不止喜欢旅行、吃新鲜食物、见新人等新经验，还喜欢讨论观点，通常将各种概念混合在一起，以创造新概念。开放性低的人更喜欢安全稳定的常规生活。熟悉的生活能给他们安慰，他们对自己当前的想法、观点和信念十分自信。他们不太愿意思考新观念，或者接受与自己信念不同的信念。

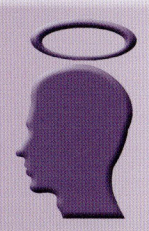

宜人性

该维度关注的是人们管理人际关系的方式。和蔼可亲的人受到驱使，要尽可能对所有人都好。这部分是因为他们具有高度同感，在乎其他人的想法。他们也不太可能对他人存在偏见，此外，为了与他人更好地相处，他们可能会选择隐藏自己真实的情绪。不大宜人者没有同样的愿望让他人喜欢，因此不太重视与他人保持积极关系。他们倾向于说话直率，很容易显露消极情绪，而不是为了维持良好关系而隐藏消极情绪。不大宜人者更能表达自己的个性，不太可能受人利用。

神经质

神经质代表着高度消极甚至病态情绪。高度神经质的人可能频繁感受到压力、焦虑和低自尊。然而，神经质的人要比不太神经质的人体验到更丰富的情绪。神经过敏者经常对危险持戒备心态，更可能发现真实或者想象的问题。与此对应的是，低神经质的人倾向于情绪稳定，因为他们很少体验消极情绪。他们及时在紧张的时候，也会维持情感底线。然而，其他人可能认为情绪高度稳定的人无趣、乏味。相比之下，神经质的人个性更加有活力，但是更可能患精神疾病。

1900年

1886年
奥地利神经科医生**西格蒙德·弗洛伊德**开始以精神分析医师身份执业，试图通过调查潜意识的成分来治疗精神疾病，从而提出了"谈话疗法"这一概念。

西格蒙德·弗洛伊德

1888年
西奥多·波弗利向人们展示，染色体参与了遗传过程。

1885年
在柏林会议中，欧洲国家决定该殖民哪些非洲国家。
印度国大党举行了大英帝国领域首场民族主义运动。

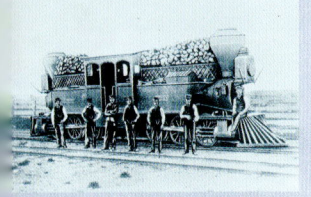

加拿大太平洋铁路

1886年
加拿大太平洋铁路竣工，连接了东西海岸。

1891年
青壮派运动在奥斯曼帝国实行改革。
德国施行养老金制度。

1890—1940年
现代主义艺术运动。

1891年
发明篮球。

1890年
"美国心理学之父"**威廉·詹姆斯**发表《心理学原理》。书中提出了"意识流"这一观点，认为意识是混杂在一起流动的思想，而不是一套理性步骤。

1898年
英国生理学家**约翰·纽波特·兰利**描述了一条分开的、潜意识控制身体部位的神经网络，为身体做出行为（战斗或逃跑）或者保持一段时间镇定（休息和消化）做好准备。

1899年
德国精神病医生**埃米尔·克兰培林**首次对双相型障碍（狂躁-抑郁）进行描述，后来称为躁郁症。患者先是抑郁发作，接着会不时出现过度狂躁。

1892年
德米特里·伊万诺夫斯基发现了病毒。

1895年
威廉·伦琴发现了X射线。

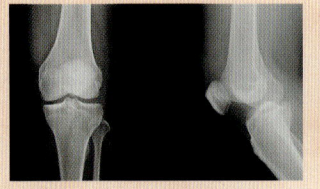

X射线

1896年
亨利·贝克勒尔发现了放射性。
第一条**自动扶梯**在纽约科尼岛修建。

1898年
居里夫妇发现镭。

居里夫妇

1893年
新西兰成为首个赋予女性选举权的国家。

1894年9月
德雷福斯案件：法国军队犹太裔军官阿尔弗雷德·德雷福斯被误判为犯有间谍罪。

1895年
路易斯·卢米埃尔发明的电影摄影机开启了电影业。

19世纪90年代
拍摄世界上首部**电影**。

1896年
希腊举行第一届现代**奥林匹克运动会**。

1896年
英桑战争只持续了45分钟，是人类历史上最短的战争。

1899年
首次国际**和平会议**——海牙和平会议召开。

1899—1902年
第二次布尔战争。

19世纪末
布鲁斯音乐兴起。

1899年
奥斯卡·王尔德发表《认真的重要性》。

奥斯卡·王尔德

1902年
皮埃尔·简内特认为，神经技能症，或者叫精神苦闷，是早期被潜意识压抑的创伤体现出的症状。

1904年
斯坦利·霍尔通过调查青春期的心理变化，开发出了教育心理学。

1905年
阿尔弗雷德·比奈为儿童开发智力测验，为现代智商测验奠定了基础。

1900年
马克思·普朗克计算出量子与频率之间的常数。

1901年
古列尔莫·马可尼发出世界上首份无线电报。

1903年
怀特兄弟进行了首次持续动力飞行。

1905年
阿尔伯特·爱因斯坦提出狭义相对论，指出光速是宇宙速度极限。

1901年
诺贝尔奖首次颁发。

1903年
英法两国建立友好关系。
俄国无产阶级政党分裂成布尔什维克党（由列宁和托洛茨基领导）和孟什维克党。

列宁

20世纪初
以斯特拉温斯基、西贝流士、埃尔加和巴尔托克为代表的**新古典音乐**兴起。

1902年
毕翠克丝·波特发表《彼得兔的故事》。

1928年
让·皮亚杰识别出认知能力发展的四个阶段，创立了发展心理学。

1935年
康拉德·洛伦兹展示了印记——年幼动物的学习行为的影响。

罗夏克墨迹测试

1927年
沃纳·海森堡提出不确定性原理。

1928年
亚历山大·弗莱明发现了青霉素。

1929年
爱德文·哈勃发现宇宙在膨胀。

1935年
埃尔温·薛定谔提出"薛定谔的猫"思想实验。

1929年
美国股市崩溃导致经济**大萧条**。

1935年
土耳其总统穆斯塔法·凯末尔改名凯末尔·阿塔图尔克。

1936—1939年
西班牙内战。

1924年
第一届**冬季奥林匹克运动会**召开。

1927年
《爵士歌王》是历史上第一部有声电影。

1928年
沃特·迪士尼动画片《汽船威利》中出现米老鼠。

1929年
奥斯卡奖首次颁布。

1935年
约翰·雷德利·斯特鲁普的颜色单词测验显示，在斯特鲁普效应下，注意力会受到干扰。

1938年
汉斯·阿斯伯格描述了自闭症的发展状况。

1940年
肯尼斯·克兰克和玛米·菲普斯·克拉克向人们证实了，由于文化线索和制度隔离的原因，所有儿童，无论哪个种族，都对黑皮肤的人持有偏见。

阿兰·图灵

1936年
阿兰·图灵描述了一种机器，成为现代计算机的前身。

1938年
恩里科·费米首次提出核裂变裂式反应理论。

1936年
阿道夫·希特勒在德国选举中获得99%的选票。

1939—1945年
第二次世界大战。

第二次世界大战

1935年
出现杜穆里埃、格林、海明威、斯坦贝克和弗吉尼亚·伍尔夫等**作家**。

1937年
毕加索创作《格尔尼卡》。

1949年
伯尔赫斯·弗雷德里克·斯金纳创建了激进行为主义学派。他运用实验室技术来向人们展示，学习不需要任何心理过程。

伯尔赫斯·弗雷德里克·斯金纳

1942年
V-2型火箭弹首次做亚轨道飞行。

1945年
日本广岛和长崎被投**原子弹**。

广岛被投下原子弹的情景

1945—1980年
亚洲和非洲掀起反对欧洲殖民者的**独立运动**。

1946年
联合国安理会召开首次会议。

1947年
印度摆脱英国殖民统治而独立，分成巴基斯坦和印度。
美苏冷战爆发。

1938年
奥森·威尔斯的无线电广播节目《世界大战》在美国引起恐慌。

1950年
艾伯特·埃利斯首创认知行为疗法，鼓励病人识别无益思想，采取措施阻止这些思想造成的伤害。

埃里克·埃里克森提出了生命的八个阶段，以解释人格的发展过程。如果一个人的发展遭到阻止，那么这个人就会出现"身份认同危机"。

1947年
发明**晶体管**。

1948年
查克·叶格驾驶贝尔X—1喷气式飞机突破音障。

贝尔X-1喷气式飞机

1949年
考古发现中开发出**放射性测定年代法**。
提出**宇宙大爆炸理论**。

1950年
阿兰·图灵提出"图灵测试"以检验机器的智力。

1948年
圣雄甘地在印度遭到刺杀。
以色列成立。

1949年
中国成立。

圣雄甘地

1939年
电影《乱世佳人》和《绿野仙踪》上映。
尼龙长袜诞生。

让·皮亚杰：儿童心理发展

感知运动阶段（0~2岁）
婴儿通过直接的感官和运动接触来探索世界。在这个阶段，儿童发展出客体永存概念和分离焦虑。

前运算阶段（2~6岁）
儿童运用符号（文字和图像）表示物体，但是无法进行逻辑推理。儿童还具备假装的能力。这一阶段的儿童以自我为中心。

具体运算阶段（7~12岁）
儿童可以对具体物体进行有逻辑的思考，因此可以做加减法。儿童还能理解守恒。

形式运算阶段（12岁以上）
青少年可以进行抽象推理，用假设的术语进行思考。

让·皮亚杰

皮亚杰在儿童时期就是个早熟的自然主义者。15岁时，他就已经在发表关于软体动物的符合学术标准的文章了。成年后，他爱上了哲学。22岁时，他就获得了哲学博士学位。接着，他再度改变了研究兴趣，前往巴黎在阿尔弗雷德·比奈特（智力测验的发明者）经营的一所学院里受训成为一名精神分析学家。1921年，皮亚杰回到瑞士，掌管让·雅克·卢梭学院。他婚后育有三个孩子，这些孩子成为他从事儿童心理发展研究的最初观察重点。

卡尔·罗杰斯：以人为中心的疗法

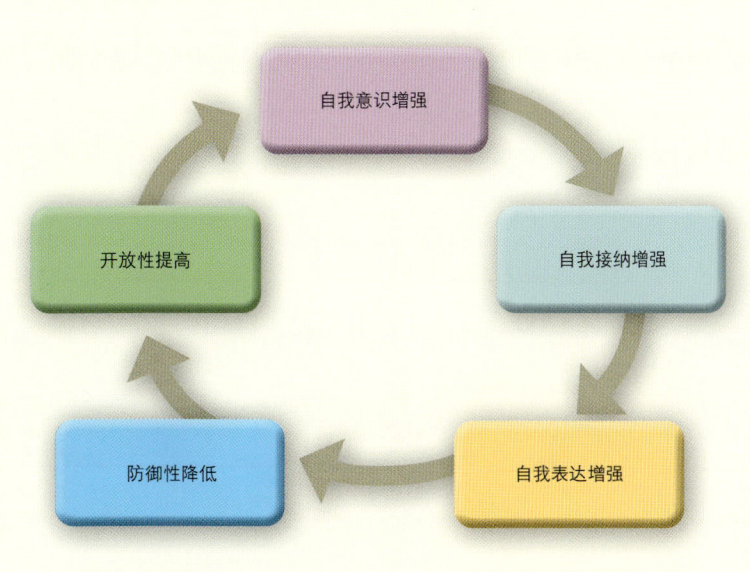

自我意识增强 → 自我接纳增强 → 自我表达增强 → 防御性降低 → 开放性提高 → （循环回到自我意识增强）

卡尔·罗杰斯

罗杰斯在美国中西部地区长大，他的第一职业选择是农民，但是他也想成为一名教堂牧师。然而，他选择成为一名精神治疗师，在20世纪40年代开发出了以人为中心的疗法。该疗法在很大程度上受到了他治疗第二次世界大战士兵这段经历的启发。中年阶段，罗杰斯成为一名无神论者，在美国推广人道主义。在生命的最后10年里，他投身于世界和平事业，并获得过诺贝尔和平奖提名。

艾瑞克·弗洛姆：人类需求

	消极成分	积极成分
关联性	屈服/统治	爱
超越性	破坏性	创造性
根深蒂固	固定性	完整性
认同感	对团体进行调节	个性化
定位框架	非理性目标	理性目标

艾瑞克·弗洛姆

弗洛姆是家中独生子，父母是正统犹太人。他在美因河畔法兰克福长大。儿童时期，弗洛姆笃信宗教，但是在对政治学和社会学产生兴趣后，他就放弃了自己的信仰。他从海德堡大学取得了社会学博士学位，接着，他在弗瑞达·瑞茨曼（弗洛伊德同时代的人）的门下受训成为一名精神分析学家。两人于1926年结婚，但是很快就分居，并于1942年离婚。1934年，弗洛姆离开纳粹德国，最终在纽约定居。1949年，他移居墨西哥城，在一所医学院教授精神分析学。

1951年
卡尔·罗杰斯提倡以人为中心的疗法，鼓励患者继续探索新方式，以过上幸福健康的生活。

1951年
所罗门·阿希进行从众实验，即使这种集体共识明显错误。

卡尔·罗杰斯

1952年
科贝特·廷彭和赫维·克莱贝利通过克里斯·科斯特纳·塞泽莫尔这个案例，将多重人格障碍带入公众视野。塞泽莫尔有三重人格，根据医生讲述的塞泽莫尔的故事被改编成流行电影《三面夏娃》。

《三面夏娃》

1953年
在神经上携带信号的电荷不断出现，叫**动作电位**。产生动作电位的过程被发现后，改变了科学理解大脑运作的方式。

1953年
由**大卫·麦克利兰**提出的需要理论试图解释任何的行为是如何被一系列相互矛盾的动机驱使的。

1954年
亚伯拉罕·马斯洛创造了需求层次理论，以引导人们形成健康的心理，即他所谓的自我实现状态。

1950年
扬·奥尔特提出**奥尔特云**，即包围太阳系的云团。

1951年
世界上首台商业通用计算机——**UNIVAC-1**诞生。

1951年
发现孟乔森综合征。**工业考古学**这一概念出现。

1952年
首架民用喷气式飞机起航。米勒实验显示，类似生物体内的复杂生物化学分子是偶然形成的。

罗莎琳德·富兰克林

1953年
在**罗莎琳德·富兰克林**的帮助下，弗朗西斯·克里克和詹姆斯·沃特森发现了DNA结构和遗传密码。

1953年
确立**彩色电视制式**。激光的早期形式**微波激射**被开发出来。

1954年
第一次成功实施**肾移植**手术。美国在比基尼环礁测试**氢弹**。

1955年
乔纳斯·索尔克研制出脊髓灰质炎疫苗。

1948年
南非实行**种族隔离**。

1950年
世界人口总计23亿。

1950—1953年
朝鲜战争。

1950年
签订《中苏友好同盟互助条约》。

朝鲜战争

1951年
阿尔卑斯**大雪崩**导致约45000名奥地利、瑞士和意大利人丧生。
在美国，**朱利叶斯·罗森伯格**和**埃塞尔·罗森伯格**因为为苏联从事间谍工作而被处以绞刑。
欧盟前身**欧洲煤钢共同体**成立。

1952年
伊丽莎白二世继任英国王位。
德国同意就第二次世界大战期间犹太大屠杀对以色列赔款。

伊丽莎白二世

1952—1964年
茅茅党在肯尼亚兴起。

1953年
埃德蒙·希拉里和夏巴人丹增·诺尔盖首次登上珠穆朗玛峰。

1953—1959年
菲德尔·卡斯特罗和格瓦拉领导了**古巴革命**。

20世纪40年代末
建筑、艺术、文学领域**后现代主义运动**在全世界兴起。

1949年
乔治·奥威尔发表小说《1984》。

1950年
托尔·海尔达尔的《孤筏重洋》由挪威文翻译成别国文字。

1950年
美国共有150万台**电视机**，一年后，猛增至1500万台。

1951年
杰罗姆·大卫·塞林格发表《麦田里的守望者》。
彩色电视系统首次广播。

1951年
罗杰斯和哈默斯坦创作音乐剧《国王与我》。

1952年
伯恩斯坦、布里顿、沃恩·威廉姆斯开始作曲。
阿加莎·克里斯蒂舞台剧《捕鼠器》在伦敦上映，是世界上连续放映时间最长的戏剧。

1953年
詹姆斯·邦德系列书籍第一本发行。

1953年
戈尔丁、海明威、亚瑟·米勒、弗朗索瓦丝·萨冈和田纳西·威廉斯等人开始**创作**。

1954年
日本电影《**七武士**》上映。
埃维斯·普里斯利发行了个人第一张单曲。

埃维斯·普里斯利

1970年

物理领域出现的。

1967年
亚伦·贝克探索抑郁心理状态，集中在经验意识感知，而不是分析潜意识。

1969年
玛丽·安斯沃思拓展了依恋理论，揭示婴儿是如何发展出独立性的。

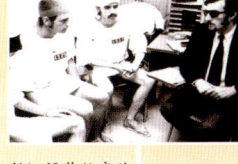

1971年
菲利普·津巴多进行了**斯坦福监狱实验**，以探索权力在关系中的作用。学生被试被当作囚犯或狱卒在一所假监狱里生活。

1972年
恩德尔·托尔文发现，长期记忆被分成两部分：情境记忆记住事实和生活事件，而语义记忆则处理有关世界的一般观念。

1973年
大卫·罗森汉恩派8位研究者咨询精神病医生，是否可以将自己收进精神病院。尽管他们完全健康，但是仍然全部被接收入院。

1974年
在探索了决策制定、采用启发法（经验法则）和偏见形成判断之后，丹尼尔·卡尼曼提出了**系统1**（迅速本能）和**系统2**（缓慢慎重）两种思考方式。

1976年
汉斯·艾森克运用一个包含神经质、内向性和外向性的量表开发出一个人格模型。

斯坦福监狱实验

汉斯·艾森克

1965年
IBM发明了**软盘**。

1969年
尼尔·阿姆斯特朗成为第一位登上月球的人。

登月

1970年
发明盒式**录像带**。

1971年
第一辆**磁悬浮列车**在日本开通。
"礼炮1号"成为历史上首个围绕地球轨道运行的空间站。

1974年
斯蒂芬·霍金提出理论，黑洞可以通过"霍金辐射"的方式逐渐失去质量。

1975年
韦内拉9号成为第一辆着陆在另一个行星——金星上的太空飞船。

1979年
人类首个**试管婴儿**诞生。

1979年
发明**条形码**。

1965—1973年
越南战争。

1967年
切·格瓦拉被杀害。

1967—1975年
柬埔寨内战。

1968年
美国民权领袖**马丁·路德·金**遭到暗杀。
美国参议员**罗伯特·肯尼迪**遭到暗杀。

越南战争

1972年
美国总统**理查德·尼克松**访问中国。
美国发生"**水门事件**"。

1973年
纽约市进行了人类首次**无线移动电话**通话。

1973年
受美国支持，**皮诺切特将军**在智利发动政变。智利总统萨尔瓦多·阿连德去世。

1976年
"协和式"超音速飞机使超音速飞行成为可能。

1979年
伊朗伊斯兰革命。沙阿被推翻，伊斯兰教政体上台。

1979—1989年
苏联入侵阿富汗。

1974年
苏联作家**亚历山大·索尔仁尼琴**被驱除出国。

1977年
第一部《**星球大战**》上映。

阿斯旺大坝

1960年代
迷幻艺术、概念艺术、极简派艺术、涂鸦等**艺术运动**出现。

1968年
金斯利·艾米斯、西蒙娜·德·波伏娃、君特·格拉斯和约翰·厄普代克在**写作**。

1969年
首届**伍德斯托克音乐节**举办。

1971年
埃及**阿斯旺大坝**建成。
伊迪·阿明在乌干达发动政变。
阿拉伯联合酋长国宣告成立。

20世纪70年代初期
迪斯科音乐出现。

1972年
肖斯塔科维奇创作最后的乐曲。

1973年
功夫电影《**龙争虎斗**》在其主演**李小龙**去世6天后上映。

1973年
在"网球性别大战"中，**比利·简·金击败鲍勃·里格斯**。

20世纪70年代
发明"宝莱坞"一词，用于指称在印度孟买制作的电影。

1974年
出现**朋克**音乐。

1978年
一部由**古登堡印刷**的《**圣经**》被拍卖出200万美元。

古登堡《圣经》

劳伦斯·科尔伯格：道德发展理论

水平	阶段	年龄段	特征描述
一	顺从/惩罚	婴儿	在做正确的事情和避免惩罚之间没有区别
	私利	学前	一般利益转换至获取利益，而不是避免惩罚
二	一致性和人际协议	学龄	努力获得认可，与他人维持友好关系
	权威和社会秩序	学龄	努力适应固定规则，因为道德的目的就是维持社会秩序
三	社会契约	青少年时期	道德上正确和法律上正确不一定是同一回事
	通用原则	成年	道德超越互利互惠

劳伦斯·科尔伯格

在童年的大部分时期，科尔伯格和三个兄弟姐妹半年时间与母亲一起生活，另外半年与父亲一起生活。父母在他4岁那年离婚。他10岁时，要选择与父母哪一方一直生活下去，他最终选择了与母亲生活。1945年，他因为偷运犹太难民进入巴勒斯坦遭到逮捕，入狱三年。出狱后，他搬往芝加哥，开始从事心理学研究。在攻读博士学位期间，他开始研究道德发展。科尔伯格长期患病，于1987年自杀。

亚伯拉罕·马斯洛：需求层次理论

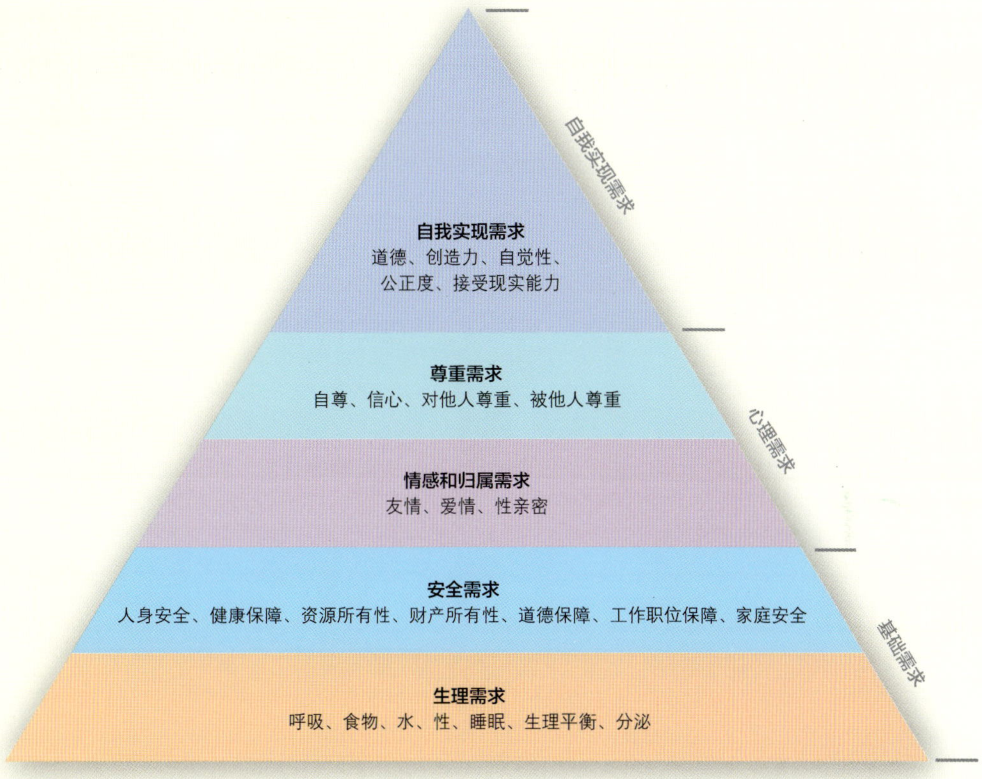

```
                    自我实现需求
              道德、创造力、自觉性、
              公正度、接受现实能力

                     尊重需求
          自尊、信心、对他人尊重、被他人尊重

                  情感和归属需求
                  友情、爱情、性亲密

                     安全需求
  人身安全、健康保障、资源所有性、财产所有性、道德保障、工作职位保障、家庭安全

                     生理需求
          呼吸、食物、水、性、睡眠、生理平衡、分泌
```

（金字塔右侧标注：自我实现需求、心理需求、基础需求）

亚伯拉罕·马斯洛

马斯洛来自犹太家庭，举家从沙皇统治下的乌克兰迁往美国。作为家中长子，他在纽约布鲁克林的一个贫困街区度过了一个艰苦的童年：在大街上，他遭到种族歧视，在家里，冲突不断。他父母强迫他学习法律，但马斯洛最终反叛，前往威斯康星州学习心理学。20岁时，他跟还在上学的表妹结婚。马斯洛的职业生涯是从研究和教学起步的。战争的恐怖导致他研究积极心理学，最终形成需求层次理论。他的健康状况原本就很差，在慢跑时死于心脏病发作。

1960年

1956年
最早的认知心理学家之一**乔治·阿米蒂奇·米勒**研究大脑处理记忆力的方式。他发现，所有的感知都会进入工作记忆，进行短期存储，之后被忘记，或者进入长期记忆体系。

1956年
劳伦斯·科尔伯格将儿童早期至成年之间道德建立过程分为六个阶段。

1957年
利昂·费斯汀格发明"认知失调"一词，描述人们同时拥有两种及以上的矛盾信念，因此产生一种不安感。

1958年
唐纳德·布罗德本特提出注意力过滤模型，试图解释大脑是如何集中在特定刺激的同时，仍然能注意到其他人。

1961年
阿尔波特·班杜拉的波波玩偶实验研究了儿童学习侵略行为的方式，研究结果表明，儿童会模仿成年人的行为。

1961年
著名的**斯坦利·米尔格拉姆实验**测试对权威的服从性。实验对象认为自己是在给他人实施电击。

蒂莫西·利里

1963年
蒂莫西·利里劝诫人们"打开、调谐、退出"——这一观点十分有名，但遭到人们严重误解。

1966年
埃里克·坎德尔发现形成记忆的过程中大脑细胞的化学变化，提出第一条证据，即心理过程是在

1956年
提出**自由基衰老理论**。
美国国际商用机器公司（IBM）发明了硬盘。
实验证实**反中微子**的存在。
世界上首个**核电站**开始发电。

斯普特尼克1号

1957年
斯普特尼克1号成为第一颗人造地球卫星。

1958年
第一颗**通信卫星**发射。

1960年
扩张型聚苯乙烯作为包装材料被生产出来。

1961年
尤里·加加林成为首位进入太空的人。
爱德华·洛伦兹提出混沌理论，揭示自然现象中无法预测的行为。

尤里·加加林

1962年
硅片获得专利。

1964年
默里·盖尔曼和乔治·茨威格一道提出，质子、中子及其他大型亚原子粒子是由更小的夸克组成的。

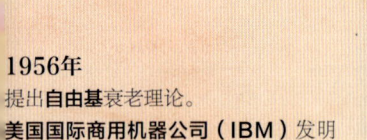

1955年
欧盟成立。
华沙条约组织由八个社会主义国家联合创立。
一场军事政变推翻了阿根廷总统**胡安·庇隆**。

1958年
核军备竞赛开始。

反战游行

1959年
欧洲人权法院成立。
北美**圣劳伦斯航道**开通。

圣劳伦斯航道

1960年
纳粹战犯**阿道夫·艾希曼**被以色列特工抓捕，后来被判刑和处决。

1961年
柏林墙建立。

1962年
古巴导弹危机。美国和苏联两国因为在古巴部署导弹差点发动核战争。

肯尼迪

1963年
美国总统**肯尼迪**遇刺。

1955年
摇滚乐出现。
20世纪五六十年代
沃霍尔、利希滕斯坦和霍克尼发展了**波普艺术**。

巴迪·霍利

20世纪50年代
日本开始流行**漫画艺术**。

1959年
发明**芭比娃娃**。
摇滚歌手巴迪·霍利、里奇·瓦伦斯和大波普在一场空难中丧生。

1960年
希区柯克电影《**惊魂记**》上映。
哈珀·李发表长篇小说《**杀死一只知更鸟**》。

1962年
玛丽莲·梦露身亡。

披头士乐队的蜡像

1963年
披头士乐队在一天内录制完首张专辑《**请取悦我**》。

1966年
《**星际迷航**》电视剧开播。

2000年

2002年
一条基本原则认为，心灵和个性是由人生经历建构的。**史蒂芬·平克**对此表示质疑，他认为，进化生物学会揭示人类心理学的更多奥秘。

2013年
"大脑计划"启动，该计划的目的是绘制大脑内部的连接，创建一个称为"功能连接体"的大脑模型。

2015年
研究表明，**肠道细菌**会对身体形态和心理健康产生影响。
"复现性危机"显示，超过半数的心理学研究无法复现。这不由得让人质疑，这些研究发现是否是真实的。

2018年
研究显示，语言是通过先于现代人类存在的某个**大脑结构**来学习的，该结构还在其他动物中起到非语言作用。这表明，语言实际上完全是通过学习来获得的。

史蒂芬·平克

2000年
人类基因序列被破译。

2010年
苹果平板电脑上市。

2011年
信使探测器成为第一个进入水星轨道的探测器。

2011年
开普勒太空望远镜发现类似地球的行星开普勒—22b。

2013年
阿特拉斯机器人被建造出来。

2014年
罗塞塔号彗星探测器成功着陆。

2015年
日本LO型磁悬浮列车创造了列车最高时速纪录（603.5千米/小时）。

2017年
世界上最大的**恐龙足迹**在澳大利亚发现，足迹长达1.7米。

2019年
詹姆斯·韦伯太空望远镜准备发射，它能够探测到遥远的太阳系里的化学生命迹象。

2001年
"9·11"事件。恐怖分子劫持飞机分别撞击纽约世贸大厦双子塔和华盛顿特区五角大楼。

2003年
第二次海湾战争。美国领导入侵伊拉克，推翻萨达姆·侯赛因。

2004年
恐怖分子在西班牙马德里制造列车连环爆炸案。
印度洋地震。接着发生的海啸造成印度洋沿岸11个国家共计约20万人丧生。

2005年
英国伦敦发生爆炸案。
飓风卡特里娜致使美国新奥尔良州被洪水淹没。

2008年
美国银行危机造成全球经济衰退。
印度孟买恐怖袭击造成173人丧生。

卡特里娜飓风后的场景

2009年
贝拉克·奥巴马成为美国历史上一位非裔美国人总统。

2009—2010年
"猪流感"造成全球恐慌。

2010年
冰岛火山爆发，火山灰造成欧洲各国航线中断。
海地**大地震**造成超过23万人死亡，基础设施遭到严重破坏。

日本海啸后的场景

2011年
日本**地震**和**海啸**造成大约16000人丧生，并对福岛核电站产生威胁。
塔利班领导人**乌萨马·本·拉登**被美国军队击毙。

2014年
埃博拉病毒在西非肆虐。

2016年
英国全民公投"脱欧"。

2017年
唐纳德·特朗普成为美国第45任总统，是首位以商人身份当选的美国总统。

2001年
两部畅销小说（《哈利·波特》和《指环王》）的首部电影上映。

2004年
社交网络服务网站Facebook成立。

2010年
世界上最高的**建筑哈利法塔**在迪拜竣工。

2012年
"世界第一高塔"东京晴空塔竣工。

迪拜哈利法塔

2015年
威廉·德·库宁的画作《交换》以3亿美元成交，破历史纪录。

2016年
音乐家大卫·鲍伊、普林斯、乔治·迈克尔、利昂·拉塞尔和莱昂纳德·科恩逝世。
在第二次世界大战中丢失的**阿尔布雷特·丢勒**的雕刻品《圣母玛利亚和婴儿耶稣》在一个跳蚤市场上被发现。

乔治·迈克尔

2020年
新型冠状病毒肺炎疫情席卷全球。

电子工业出版社
PUBLISHING HOUSE OF ELECTRONICS INDUSTRY
http://www.phei.com.cn

经典心理学理论思维图

  几位大名鼎鼎的心理学家和精神分析师创建了"通观全局"的理论。这里用思维图展示其中比较经典的几个。慢慢查看这些思维图，提取其中包含的信息，你会发现弗洛伊德是如何将儿童发展与身体部位的性固恋联系起来的；科尔伯格揭示了人们对道德行为的态度随着年龄增长是如何变化的；马斯洛描述了个人发展过程中需要满足的一系列需求；卡尔·荣格认为，人类为了了解自身，发展出了由英雄、恶棍和其他原型人物构成的共同记忆。当然，还有更多的理论，也许你可以绘制你自己的思维图。

西格蒙德·弗洛伊德：性心理发展阶段

阶　　段	年　龄　段	性聚焦点	关键发展任务	固　　恋
口欲期	0~1岁	口	断奶	对吃、抽烟或喝酒着迷
肛门期	2~3岁	肛门	训练上厕所	被清洁问题困扰
性器期	4~5岁	外生殖器	识别性别角色模型	难以建立亲密关系
潜伏期	6~12岁	无	进行社会互动	无固恋
生殖期	青春期及以后	外生殖器（性亲密）	发展亲密关系	先前的固恋导致性兴趣低下。无固恋能促成正常性动机

西格蒙德·弗洛伊德

　　弗洛伊德的思考主体是儿童时期，然而，他的家庭生活令他十分缺乏安全感。他的父亲在第一次婚姻里有两个儿子，其第二任妻子，也就是弗洛伊德的母亲，要比他年轻得多。弗洛伊德小时候大部分时间都在和侄儿约翰玩耍，约翰在弗洛伊德4岁时搬走了。弗洛伊德9岁时，他又有了六个兄弟姐妹。他与母亲关系亲密，但是父亲却与他很疏远。1886年，弗洛伊德在维也纳开办了私人诊所。他在维也纳一直住到1938年，作为一名犹太人，他不得不逃离纳粹党的迫害。他移居伦敦，次年在伦敦逝世。

1980年

1982年
丹尼尔·夏克特通过观察人们遗忘的方式来研究记忆力。

1985年
保罗·萨尔科夫斯基斯首创**强迫症疗法**，认为强迫行为是患者试图回避那些他们不喜欢的思想造成的。

1987年
罗杰·谢泼德调查了大脑处理"感官数据"的方式。他得出结论，我们的感知只是受内部过程影响的周围环境的模型。

1988年
克劳德·斯蒂尔展示了自我确证的效用：如果你不断告诉自己某件事情，那么你就更可能去相信它。

1989年
罗伯特·扎荣茨证明，陌生会导致蔑视：我们更喜欢熟悉的事物，而不是不熟悉的事物。这对大众传媒和广告业具有暗示作用。

1990年

1990年
米哈里·契克森米哈赖提出，进入一种放松的专注状态（他称为"心流"）可以达到舒适、满足和狂喜的状态。

1992年
功能性磁共振成像提供了一种观察大脑思考、感知和记忆的新工具。

1993年
保罗·艾克曼将人类情绪归为六种基本情绪。他还发现了被压抑的情绪"微表情"。

1994年
理查德·赫恩斯坦和查尔斯·莫里宣称，智商与基因遗传和社会经济环境之间存在密切关联。

1994年
此前不太为人所知的战争神经症和炮弹休克等疾病被统称为**创伤后应激障碍**。

1995年
伊丽莎白·洛夫特斯提出人类存在错误记忆力，即人们会记住从未发生的事件。

1997年
镜像神经元被发现。镜像神经元是这样一类神经细胞：当一个人在做出某个动作时，或者观察到其他人做同样的事情时，镜像神经元会做出反应。

1998年
威廉·格拉瑟提出选择理论，从生物学需求和心理学对爱、权力自主性及乐趣需求的角度来描述人类活动或者选择。

发明**液晶显示器**。

1981年
美国国家航空航天局**哥伦比亚号**航天飞机成为第一个可重复使用的航天器。

1984年
艾滋病病毒被发现。

1987年
1987A超新星是现代天文学家首次用肉眼看到的超新星。

1988年
斯蒂芬·霍金出版《时间简史》，这是一本物理学和宇宙学科普读物。

1989年
蒂姆·伯纳斯·李发明了万维网。

1993年
哈勃太空望远镜发射。

1995年
海尔-波普彗星被发现。

1997年
可移动探测器登陆火星。

1998年
国际空间站首个舱段发射成功，这是人类历史上最大的航天器。

1980年
中东生产石油的国家在石油收益中至少获得50%的份额，突然变得富裕起来。

1986—1987年
苏联总书记**米哈伊尔·戈尔巴乔夫**宣布进行**政治和经济改革**。

1987年
巴勒斯坦人开始**起义**反对以色列。

1989—1990年
柏林墙倒塌，德国恢复统一。

柏林墙

1990—1991年
苏联解体。

1990年
反种族隔离人士**纳尔逊·曼德拉**在南非牢狱中服刑27年后被释放。

1991年
第一次海湾战争。国际联盟军队反对萨达姆·侯赛因领导的伊拉克入侵，恢复科威特主权。

1994年
英吉利**海峡隧道**开通，连接英国和法国。

在南非的第一场多种族选举中，**曼德拉**当选总统。

1995年
邪教组织在日本东京地铁上释放**沙林毒气**，造成13人丧生。

1995年
美国**俄克拉荷马城**发生爆炸案，造成168人丧生。

1980年代
说唱音乐开始风靡。

1983年
全球第一部**手机**向公众发布。

迈克尔·杰克逊第一次表演太空舞步。

1984年
首次出现强效**可卡因**。

1985年
世界上最大的摇滚音乐会——"**拯救生命**"在伦敦和费城同时举办。

1991年
生活在5300年前的男人**冰冻的身体**在欧洲阿尔卑斯山被发现。

1994年
第一本**电子书**被生产出来。

家用游戏机PS1被发明。

1995年
第一部电脑动画电影《**玩具总动员**》上映。

1997年
古根海姆博物馆在西班牙正式落成启用。

古根海姆博物馆